XIANXING DUOBIANLIANG SHIZHI XITONG JIEOU KONGZHI YANJIU

线性多变量时滞系统
解耦控制研究

胡增嵘 著

中国水利水电出版社
www.waterpub.com.cn

内 容 提 要

本书针对多变量时滞系统,在已有的频域解耦技术基础上,对解耦控制系统进行了更为深入的研究。本书分八章,前五章以理论为主,针对双输入双输出系统(TITO),根据耦合矩阵的思想,提出一种更为简单的动态解耦矩阵设计方法,解析设计 PID 解耦控制器;针对多输入多输出系统(MIMO),对逆解耦控制方案进行了深入研究和改进,分析讨论了前向通道选取对逆解耦矩阵实现性的影响,给出了逆解耦矩阵可实现的必要条件,提出一种逆解耦补偿矩阵规范设计准则,并对逆解耦矩阵的稳定性进行分析,给出完整的设计方案。后三章针对高维多输入多输出系统,设计逆解耦控制方案。将逆解耦控制方案应用于几个典型控制对象上,与目前多变量控制的各种典型方案进行比较,展示和验证了逆解耦方案在高维多变量控制上的优越性。

本书内容完整、结构系统、语言准确简练、图文并茂,兼具科学性、实用性等特点,希望为解耦控制系统的理论发展和生产实践应用提供帮助。

图书在版编目(CIP)数据

线性多变量时滞系统解耦控制研究/胡增嵘著.--
北京:中国水利水电出版社,2014.4(2022.9重印)
ISBN 978-7-5170-1858-2

Ⅰ.①线… Ⅱ.①胡… Ⅲ.①时滞系统－解耦系统－
研究 Ⅳ.①TP13

中国版本图书馆 CIP 数据核字(2014)第 061574 号

策划编辑:杨庆川 责任编辑:杨元泓 封面设计:崔 蕾

书 名	线性多变量时滞系统解耦控制研究
作 者	胡增嵘 著
出版发行	中国水利水电出版社
	(北京市海淀区玉渊潭南路 1 号 D 座 100038)
	网址:www.waterpub.com.cn
	E-mail:mchannel@263.net(万水)
	sales@mwr.gov.cn
	电话:(010)68545888(营销中心)、82562819(万水)
经 售	北京科水图书销售有限公司
	电话:(010)63202643、68545874
	全国各地新华书店和相关出版物销售网点
排 版	北京鑫海胜蓝数码科技有限公司
印 刷	天津光之彩印刷有限公司
规 格	170mm×240mm 16 开本 8.25 印张 148 千字
版 次	2014年10月第1版 2022年9月第2次印刷
印 数	3001-4001册
定 价	36.00 元

摘　　要

多变量时滞系统普遍存在于工业过程中,多变量系统由于时滞的存在,使得无论是对其控制还是理论分析都非常困难。多变量频域法由于各变量的物理概念比较明确、直观,在过程控制领域中被广泛应用。基于频域理论的研究成果大都限于单变量时滞过程,有关多变量时滞过程的解耦控制研究还很不完善,在设计方法和系统性能分析上都存在需要改进和完善的地方。

本书针对多变量时滞系统,在已有的频域解耦技术基础上,对解耦控制系统进行了更为深入的研究,希望为解耦控制系统的理论发展和生产实践应用提供帮助。本书的主要研究成果包括以下几个部分:

1. 针对双输入双输出系统,根据耦合矩阵的思想,提出一种更为简单的动态解耦矩阵设计方法,结合二自由度 PID 预期动态法(Desired Dynamic Equation,DDE),解析设计 PID 解耦控制器,采用 Monte Carlo 原理检验和评价控制系统的性能鲁棒性。

2. 对逆解耦器的设计问题进行研究,分析讨论了前向通道选取对逆解耦矩阵实现性的影响,给出了逆解耦矩阵可实现的必要条件。以时滞补偿为例,提出一种逆解耦补偿矩阵规范设计准则,对不满足时滞可实现条件的一类控制对象,提出一种基于 Pade 近似逆解耦矩阵改进设计方法。

3. 对逆解耦矩阵的稳定性进行分析,给出多变量系统逆解耦矩阵 BIBO 稳定充要条件。对无时滞逆解耦矩阵,采用矩阵分式描述(MFD)的数学工具,提出一种判定逆解耦矩阵稳定性的方案;对含时滞逆解耦矩阵稳定性分析,采用 Matlab 仿真形式进行判定。

4. 采用 Mente-Carlo 随机方法分析逆解耦矩阵概率稳定性,获取了多变量系统的阶次与逆解耦矩阵概率稳定性的分布规律,为逆解耦方法的应用提供指导意义。

5. 针对高维多输入多输出系统,设计逆解耦控制方案。将逆解耦控制方案应用于几个典型控制对象上,与目前多变量控制的各种典型方案进行比较,展示和验证了逆解耦方案在高维多变量控制上的优越性。

关键词:多变量,时滞,解耦,逆解耦,预期动态法(DDE)

Abstract

Multivariable system with time delays universally exist industrial processes. Due to time delays, both control and theoretic analysis of multivariable system are difficult. Multivariable frequency domain approach is broadly applied in process control field because of definite and intuitive physical conception of each variable. Frequency-domain-theory-based research results are restricted to single variable process with time delays whereas research on decoupling control of multivariable process with time delays is still very imperfect. There are still aspects of design method and system performance to be improved.

For multivariable system with time delays, this paper studies decoupling control system to some extent based on existing frequency domain techniques for decoupling. The main research results are reported as follows:

First, for TITO system, a simpler design method for dynamically decoupling matrix is proposed in terms of the idea of coupling matrix. PID decoupling controller is designed analytically by combining DDE (Desired Dynamic Equation) method for two degree-of-freedom PID. The robustness of system is checked and evaluated using Monte Carlo principle.

Secondly, The design of inverted decoupler is studied. The impact of choice of forward channel on realizability of inverted decoupling matrix is discussed and the necessary condition of realizability is presented. Taking time-delay compensation as an example, a normal principle of designing inverted decoupling compensation matrix is proposed. And for a large class of control objects that do not satisfy the realizability condition of time delays, an improved method of designing inverted decoupling matrix is proposed based on Pade approximation.

Thirdly, by virtue of analyzing stability of inverted decoupling matrix, a necessary and sufficient condition for BIBO stability of inverted decoupling matrix of multivariable system is presented. For inverted decoupling matrix without time delays, a scheme of determining stability of inverted decoupling matrix is proposed using the mathematical tool of matrix fraction description. For analyzing stability of inverted decoupling matrix with time delays, stability is determined through simulating in MATLAB.

Fourthly, stability of inverted decoupling matrix is analyzed using stochastic Monte-Carlo method, thereby distribution law of order of multivariable system and stability of inverted decoupling matrix. Some guidelines for application of inverted decoupling method are presented.

Finally, for MIMO system, an inverted decoupling control scheme is designed. The scheme is applied to several typical control objects. In comparison with other typical schemes of multivariable control, the scheme is superior in multivariable control.

Key Words: Multivariable, Time delays, Decoupling, Inverted decoupling, Desired Dynamic Equation

目　　录

插图清单

附表清单

1 引言

1.1 研究背景及意义

多输入多输出时滞系统普遍存在于工业过程中,随着先进制造工艺的快速发展,越来越多的生产过程被构造为高维多变量时滞系统。如化工过程中的物料传输、石油冶炼过程中的质量控制和循环流化床的燃烧控制等都属于这一类系统。

在线性系统理论领域,基于所采用的分析工具和研究方法的不同,形成四个主要学派,分别是线性系统的状态空间法、线性系统的几何理论、线性系统的代数理论和线性系统多变量频域法[1]。

状态空间法采用系统内部的状态描述来取代传递函数形式的外部输入输出描述,并将系统的分析和综合直接置于时域进行。状态空间法适用于单输入单输出系统(Single-Input-Single-Output,SISO)和多输入多输出系统(Multi-Input-Multi-Output,MIMO),线性时不变系统和线性时变系统,大大拓宽了所能处理问题的领域。能控性和能观性的引入使得系统的分析和综合过程建立在严格的理论基础上,并且已经发展了一整套较为完整成熟的理论和算法。

线性系统的几何理论对线性系统的研究转化为状态空间中的相应几何问题,采用几何语言对系统进行描述、分析和综合。

线性系统的代数理论是采用抽象代数工具表征和研究线性系统的一种方法。把系统各组变量间的关系看作是某些代数结构之间的映射关系,对线性系统描述和分析完全形式化和抽象化,使之转化为纯粹的抽象代数问题。

线性系统多变量频域法基于过程传递函数,采用频率域的系统描述和频率域的计算方法来分析和综合线性时不变系统。

线性系统的几何理论和线性系统的代数理论需要使用者具备一定数学

基础,并不适用于工程技术人员。状态空间法的优点是能够实现综合最优设计,能反映系统的内在优劣,解决经典频域法无法解决的一些设计问题;但缺点是需要有精确的数学模型,物理概念不直观,难于获得全部状态变量,设计的控制器阶次较高,结构过于复杂,成本高,因此难于工程实现。而多变量频域法方法则只需利用系统的外部输入、输出关系,各变量的物理概念比较明确、直观,因而更容易被工程技术人员掌握并接受。多变量频域控制理论已在应用中展示出许多优点,因而受到了控制工程界的极大关注,迅速在工业生产过程中得到广泛应用,且已在诸如造纸生产过程、化学反应过程、燃气轮机发电过程、核电站生产过程、空气压缩机运行、精馏塔的精馏过程、工业加热炉加热过程以及飞机发动机、飞机自动驾驶仪等多变量控制系统设计中收到了良好的预期效果[2][3]。

多输入多输出系统由于时滞的存在使得无论是对其控制还是理论分析都有很大困难,目前基于频域理论的研究成果大都限于单变量时滞过程,如何实现对多输入多输出时滞过程的控制是过程控制领域的研究热点和难点。过程控制领域中的许多学者已经对上述问题进行了大量研究和探讨[4][5][6][7],基于频域传递函数模型,通过设计解耦器弱化或去除多变量各通道间的耦合,把多变量系统转化为一系列独立的单变量系统,再按照单变量的设计方法对多变量过程进行控制是过程控制领域中被广泛采用的研究手段和途径。虽然在解耦控制系统设计方面取得了一定的成果,但是有关多变量时滞过程解耦控制系统设计问题的研究还很不完善。多变量控制系统的解耦理论内容丰富,牵涉面广,有必要做细致的工作以促进和完善多变量过程控制理论的发展。

1.2 现代多变量频域控制理论的发展

现代多变量频域控制理论是以古典频域理论为基础发展形成的,主要设计思路是对多变量系统内部耦合进行分析和研究,根据分析结果确定合适的解耦控制方法,其实质是把多变量系统的设计转化为一系列独立的单变量系统的设计。

在现代多变量频域控制理论的发展过程中,对角矩阵法、逆 Nyquist 曲线法和特征轨迹法是普遍认可的几类频域方法。Boksenbom[8]、Kavanagh[9] 和 Mesarovic 等人[10] 建立和发展起来的对角矩阵法是过程控制领域中普遍采用的一种解耦方法,这种方法的设计思路是设计一个解耦矩阵,使得被控对象传递函数矩阵模型和解耦矩阵的乘积是一个对角矩阵。

Rosenbrock 等人[11]提出的逆 Nyquist 曲线法,对被控系统进行预补偿,使补偿后的传递函数矩阵具有对角优势,然后对各个对角元素采用单变量系统的 Nyquist 图设计方法进行设计,完成整个多变量系统的设计工作。MacFarlane 等人[12]提出的特征轨迹法,通过分析特征函数的轨迹和系统稳定性之间的关系,提出控制器矩阵的设计方法。

　　这些方法都是单变量频域控制理论的自然推广,都保留了单变量频域设计方法的主要优点,能在设计动态性能良好的多变量控制系统时兼顾抑制交连[13]。

1.3　现代多变量频域解耦控制方案综述

　　现代多变量频域解耦控制方案先对多变量系统内部耦合进行分析和研究,根据分析结果确定合适的解耦控制方法,把多变量系统的设计转化为一系列独立的单变量系统的设计。多变量控制系统的解耦方案的研究主要包含两方面内容:一是对系统内部耦合分析方法的研究,另一个是对解耦控制方法的研究[13]。

1.3.1　系统内部耦合分析方法研究

　　对一个多变量耦合系统如何判断耦合程度,系统的各个通道中哪个通道耦合最严重,弱化系统的耦合度从哪个通道分离最好,系统控制变量和输出变量间的最佳配对等等,都迫切需要对系统内部的耦合进行分析研究。图 1-1 为单位闭环多输入多输出系统。

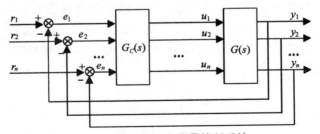

图 1-1　单位闭环多变量控制系统

　　其中 r_i 为设定值输入,y_i 为系统输出,u_i 为控制信号,e_i 为偏差信号,$i,j = 1,2\cdots n$,$G_c(s)$ 为控制器,$G(s)$ 为被控对象,$g_{ij}(s)$ 表示第 j 个输入至第 i 个输出的传递函数,$G_c(s)$ 和 $G(s)$ 的具体形式见公式(1-1) 和(1-2)。

$$G(s) = \begin{bmatrix} g_{11} & g_{12} & \cdots & g_{1n} \\ g_{21} & g_{22} & \cdots & g_{2n} \\ \cdots & \cdots & \cdots & \cdots \\ g_{n1} & g_{n2} & \cdots & g_{nn} \end{bmatrix} \tag{1-1}$$

$$G_c(s) = \begin{bmatrix} c_{11} & & & \\ & c_{22} & & \\ & & \cdots & \\ & & & c_{nn} \end{bmatrix} \tag{1-2}$$

1）对角优势矩阵方法

Rosenbrock[11] 针对 $G(s)$ 提出对角优势矩阵方法，给出当 s 的取值为 D 形围线（以半径无穷大的半圆顺时针包围右半复平面一周所形成的围线，围线上如有传递函数的极点，以半径为无穷小的半圆从右侧绕过）时，行对角优势的判定公式为：

$$|d_{ii}(s)| > \sum_{\substack{j=1 \\ (j \neq i)}}^{n} |d_{ij}| \tag{1-3}$$

列对角优势的判定公式为：

$$|d_{ii}(s)| > \sum_{\substack{j=1 \\ (j \neq i)}}^{n} |d_{ji}| \tag{1-4}$$

对于具备行或列对角优势的系统，不需解耦，系统也具有较好的调节性能。该方法简单实用，但并不能定量说明系统的耦合程度。

2）相对增益矩阵法（RGA）方法

相对增益矩阵法（Relative Gain Array，RGA）是被普遍认可的分析系统内部耦合的方法[15]，由 Bristol[16] 提出，配对法则是通过分析系统内部耦合的静态特性推导出来的，推导过程只需要考虑过程稳态增益，方法简单实用。

定义 $(\partial y_i / \partial u_j)^1$ 为开环增益，$(\partial y_i / \partial u_j)^2$ 为 $[y_i, u_j]$ 环开环，其他环闭合时的增益，λ_{ij} 为相对增益系数。

$$\lambda_{ij} = \frac{(\partial y_i / \partial u_j)^1}{(\partial y_i / \partial u_j)^2} \tag{1-5}$$

则 RGA 为：

$$\Lambda = \begin{bmatrix} \lambda_{11} & \lambda_{12} & \cdots & \lambda_{1n} \\ \lambda_{21} & \lambda_{22} & \cdots & \lambda_{2n} \\ \cdots & \cdots & \cdots & \cdots \\ \lambda_{n1} & \lambda_{n2} & \cdots & \lambda_{nn} \end{bmatrix} \tag{1-6}$$

文献[17]给出了相对增益矩阵法（RGA）的简化计算方法。

$$\Lambda = G(0) \otimes G(0)^{-T} \tag{1-7}$$

Bristol 提出 $\lambda_{ij} = 1$ 时，$[y_i, u_j]$ 没有耦合的，λ_{ij} 应该避免负值，越靠近1耦合越小。但由于只考虑系统内部耦合的静态特性配对往往不能保证系统在整个关注频段内都包含最弱的耦合，有时会带来错误的配对结果[17]。

3）动态增益矩阵法（DRGA）方法

为了克服 RGA 的局限性，McAvoy 等人[17]提出了动态增益矩阵法（Dynamic Relative Gain Array，DRGA），DRGA 根据多变量系统内部动态耦合，建立了相应的配对法则。DRGA 配对法虽然能够避免 RGA 发生上述错误配对情况，但 DRGA 配对法则在推导和应用时要复杂的多。

4）有效相对增益矩阵（ERGA）方法

文献[19][20]提出的有效相对增益矩阵（Effective Relative Gain Array，ERGA）是一种有效且实用的方法，该法则建立了系统内部动态耦合特性的定量描述，它既考虑了系统的动态耦合特性又能方便使用。

过程稳态增益矩阵为 $G(0)$：

$$G(0) = \begin{bmatrix} g_{11}(0) & g_{12}(0) & \cdots & g_{1n}(0) \\ g_{21}(0) & g_{22}(0) & \cdots & g_{2n}(0) \\ \cdots & & & \cdots \\ g_{n1}(0) & g_{n2}(0) & \cdots & g_{nn}(0) \end{bmatrix} \tag{1-8}$$

$g_{ij}(0)$ 能够反映控制变量 $u_j(s)$ 对输出变量 $y_i(s)$ 的影响。定义 $w_{B,ij}$ 为 $g_{ij}(s)$ 的关键频率。由图 1-2[19]确定：

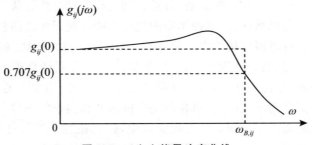

图 1-2 $g_{ij}(w)$ 能量响应曲线

关键频率 $w_{B,ij}$ 能够决定输出变量 $y_i(s)$ 对控制变量 $u_j(s)$ 的变化的灵敏度。从控制变量 $u_j(s)$ 到输出变量 $y_i(s)$ 的有效的能量可以被表示为[20]：

$$e_{ij} \approx g_{ij}(0)w_{B,ij}, \quad i,j = 1,2\cdots n \tag{1-9}$$

有效能量矩阵定义为：

$$E = G(0) \otimes \Omega \tag{1-10}$$

其中：

$$\Omega = \begin{bmatrix} w_{B,11} & w_{B,12} & \cdots & w_{B,1n} \\ w_{B,21} & w_{B,22} & \cdots & w_{B,2n} \\ \cdots & \cdots & \cdots & \cdots \\ w_{B,n1} & w_{B,n2} & \cdots & w_{B,nn} \end{bmatrix} \tag{1-11}$$

Ω 是关键频率矩阵。有效相对增益矩阵（ERGA）定义为：

$$\Phi = E \otimes E^{-T} = \begin{bmatrix} \phi_{11} & \phi_{12} & \cdots & \phi_{1n} \\ \phi_{21} & \phi_{21} & \cdots & \phi_{2n} \\ \cdots & \cdots & \cdots & \cdots \\ \phi_{n1} & \phi_{n2} & \cdots & \phi_{nn} \end{bmatrix} \tag{1-12}$$

1.3.2 解耦控制方法研究

多变量系统的频域控制研究大都基于单位反馈闭环控制结构，单位反馈闭环控制结构具有形式简单、易于操作等优点，在工程实践中应用广泛。多变量控制系统解耦设计经过多年发展，解耦理论内容非常丰富，多变量频率域方法已经形成了相对完整的理论体系[21]。多变量系统的频域控制方式一般分为分散控制结构、带解耦补偿器的控制结构和特殊控制结构。

1）分散控制结构

分散控制结构亦称多环结构（Multiloop），如图 1-3 所示。在控制结构上，分散控制将多变量系统分解为各自独立的多个单变量子系统，针对独立的单变量子系统分别设计控制器，各通道间的相互耦合作为扰动处理，由于通道间互相耦合仍然存在，其控制器的设计不能等同于单回路控制器，适用于耦合较弱或者近似解耦的多变量系统。分散控制最大的优点是控制器一般为对角形式，控制器结构简单，子控制器之间不存在耦合和干扰，容易被工程人员理解，相比解耦补偿器，可调参数较少。另外，当发生通道故障或某些通道切换到手动方式时，分散控制比带解耦补偿器系统更容易处理。在对系统输出响应要求不是很高的工程实践中，强冗错性和整体性的优点使得分散控制结构得到了广泛应用。分散控制以牺牲一定的系统输出性能，采用比较简单的控制结构来实现多变量的解耦控制。对于主对角占优的被控对象具有较好的控制效果，对于耦合严重的系统，分散控制无法完全补偿被控过程内部的耦合，应用到解耦性能要求高的场合还是具有一定的局限性[3]。

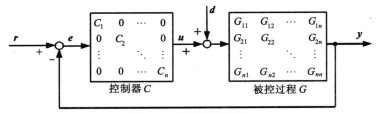

图 1-3　分散控制结构

按照耦合处理的方式,目前典型的分散控制系统设计方法可以归纳为以下几类:

① 解调因子方法

解调因子方法忽略系统中存在的耦合,采用 PID 控制器设计方法对过程模型的对角子模型同时设计分散控制器,将耦合作用归结为解调因子或稳定约束,针对耦合作用将控制器参数乘以解调因子来满足定义的性能指标,从而完成控制器设计。这类方法的典型代表有最大对数模方法[22],著名过程控制专家 Luyben 等人对控制对象的主对角采用 ZN 方法设计 PID 分散控制器,利用解调因子调整控制器参数,解调因子从 1 开始直到达到最大对数模。文献[23] 根据系统稳态时的耦合特性,利用解调来整定 PI/PID 分散控制器。解调因子方法最大的优点是实现非常简单,便于工程应用。解调因子方法存在的问题是在解调过程中没有办法保证系统性能和稳定性,解调因子与系统性能及稳定性之间缺乏清晰的关系,解调因子的设计带有试凑的性质,控制系统的调节水平较低。

② 顺序设计方法[24][25]

顺序设计方法通过比较和筛选回路中动态响应性能的快慢,从最快的回路开始,按单变量的设计方法对该回路进行设计,然后闭合该回路,并继续重复上述过程。顺序设计方法简单明了,但控制系统的性能过于依赖于回路闭合的顺序,后闭合的回路会改变已闭合回路的响应,闭合顺序的不同使得设计的难易程度也不同,当先前闭合的回路发生故障时,不能自动保证余下的回路仍然稳定。该方法冗错性和整体性不强,设计过程需要反复进行,控制器设计会变得更加保守。

③ 整体优化设计方法

整体优化设计方法将 PID 分散控制器参数整定问题表征为带有一定约束的性能优化问题,对各回路的 PID 参数同时进行优化。文献[26] 提出一种带有线性矩阵不等式约束的非线性优化方法。Wang 等[27] 用改进的 ZN 方法建立方程,在给定幅值裕量条件下求解 PID 参数。该方法计算过于复杂,且不能保证解的存在性,仅适用于双输入双出(Two-Input-Two-Output,TITO)

系统,扩展到 MIMO 系统则非常困难。薛亚丽等[28]采用遗传算法提出一种基于完整性分析的多回路控制系统 PID 参数优化方法。Volchos 等[29]基于时域响应采用遗传算法优化获得控制器参数,但控制器在发生回路故障或按不同的顺序闭合时,有可能出现不稳定[28]。这类设计方法需采用数值化寻优来整定控制器参数,数据运算量比较大,不便于在线调节和设定,虽然能够取得显著的控制效果,但所用到的相关专业理论知识较多,不便于被工程技术人员掌握和推广使用[29][30]。

④ 独立设计方法

独立设计方法分别设计分散控制器中的各个子 PID 控制器以满足事先规定的性能要求和稳定性要求。M. Lee[32]把基于内模的单变量的参数整定方法推广到多变量系统,该方法基于精确数学模型,对低价对象利用公式整定控制器参数,控制器结构简单;对高阶对象的整定方法则只能根据Maclaurin 公式采用数值求解的方法近似获取,整定方法变得非常复杂且会带来系统性能的损失。Huang 等[33]将耦合带来的设计困难通过一个表征开环传递特性的有效开环过程(Effective Open-loop Process,EOP)来处理,对被控系统进行结构分解,根据期望的闭环性把设计多回路控制器的任务分解为等价的对角模型,设计单回路控制器,提出了一种有效开环对象方法。EOP 是指当前回路在其他回路都闭合并且能完全控制的等价开环特性。有效开环过程的计算可以使各控制器能直接单独设计,而不需要获得其他回路的信息。EOP 方法对低维多变量系统的控制非常有效;对于高维多变量系统,EOP 方法的计算量和模型简化误差都会随系统维数的增加而急剧增加[28]。这类方法在设计控制器时没有考虑其他控制器对系统整体性能的影响,设计往往带有保守性,可改善的控制效果有限[30]。

2)带解耦补偿器的控制结构

对于耦合严重的系统,分散控制无法完全补偿被控过程的内部耦合,为改善被控过程的动态性能,需要在多变量被控过程前添加解耦器,结合分散控制器来实现有效控制[3]。相对于分散控制而言,带解耦补偿器的控制是一种非常紧密的控制。理想解耦器解耦目标函数简单,但解耦矩阵非常复杂,难以实现;简单解耦的解耦矩阵简单,代价是解耦目标函数又变得很复杂,控制器参数整定不直观;另外,解耦控制的冗错性和整体性较差,当故障发生时整个系统可能崩溃,由于这些问题使得解耦控制没有在工业控制中得到广泛应用。但是对于复杂的强耦合系统,在调节器和传感器有限的情况下,带解耦补偿器的控制方案是唯一现实的选择[28][34]。

带有解耦器的控制结构如图 1-4 所示,即在控制器和被控对象之间,添加一个解耦器矩阵来使被控对象解耦为对角形式或主对角占优的形式。根据不同的标准,对解耦器有多种分类方式。根据解耦矩阵设计思想的不同,解耦器可分为正向解耦和逆解耦;根据解耦器解耦效果,解耦器又可分为静态解耦和动态解耦两大类。正向动态解耦按设计方法又可分为动态解耦器和解耦控制器矩阵。

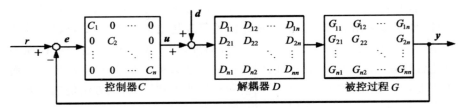

图 1-4 带有解耦器的控制结构

① 静态解耦

静态解耦在被控过程的输入端设置静态解耦器,形式取为被控过程稳态增益矩阵的逆矩阵,即 $G(0)^{-1}$,从而可以确保系统输出响应稳态无偏差。静态解耦要求过程传递函数矩阵 $G(0)$ 稳定非奇异,即 $\det[G(0)] \neq 0$ 才可能实现解耦控制[35][36]。文献[37]指出静态解耦适用于动态性能要求较低的被控过程;Campo[38] 分析了采用这种解耦方式可以达到的闭环控制性能;J. Lee[39] 给出了改进的静态解耦方法,在 M. Lee 方法基础上把静态解耦的思想应用到多变量控制中,提出了一种基于期望动态的静态解耦方法。讨论分析了静态解耦方法在高频时会给系统的性能带来一些负面影响,采用 PI 控制器可以效遏制高频时的负面影响。静态解耦在实际工程中被广泛使用,其最大的优点是简单实用,但静态解耦器的引入并不能达到明显改善闭环控制系统的解耦调节能力的目的[40]。静态解耦相对于采用动态解耦器或解耦控制器矩阵的控制方法,所能达到的解耦调节能力仍然要低很多[36][40][42][43]。

② 动态解耦器

相比静态解耦器,动态解耦器能够有效地改善被控过程的动态性能,可以显著地提高过程各通道间的动态解耦水平,因而常用于解耦调节性能要求较高的场合[36]。由 Boksenbom[8]、Kavanagh[9] 和 Mesarovic[10] 等人建立发展起来的对角矩阵法是过程控制领域中普遍采用的一种解耦方法。动态解耦按解耦器目标的不同可分为理想解耦、简单解耦和预期解耦三种。理想解耦将被控对象解耦为只含有原传递函数矩阵主对角元素的形式,这为控制器设计提供了很大方便,但是由于所得到的解耦器元素过于复杂,在实际中很少使用[3]。文献[44][45][46][47][48][49]介绍了简单解耦方法,简单解耦器比理想解耦器形式简单,常用于实际的工业过程控制中,但使用简单解耦得到的解耦后的被控对象的形式被复杂化了。

理想解耦和简单解耦方法仅仅局限于双输入双输出过程,不适用维数更高的多输入输出过程。事实上,对于高维多变量时滞过程,按照对角化被控过程传递函数矩阵的要求,得到的动态解耦器将不可避免的为非有理和非正则,并且会以复杂的方式在其各元素的分子和分母中混含有时滞因子,因此,即便是采用有理近似和低通滤波器复现超前微分环节,也难以有效地构造出合适的动态解耦器[38][50][51][52]。另外,由于实际被控过程中存在不确定性因素,使得不可能完全匹配地构造出动态解耦器,这样会出现系统输出偏差,为了消除和抑制负载干扰信号产生的不利影响,该方法仍然需要结合分散控制方式来进行控制[52]。

③ 解耦控制器矩阵

对于高维多变量时滞过程,大多数采用解耦控制矩阵的方式进行解耦。文献[53]提出一种动态解耦控制器矩阵方法(Wang 方法),通过提出期望的对角化闭环响应传递函数矩阵,经反向推导得出最优解耦控制器矩阵数学表达式,然后采用改进的最小二乘法逼近获得指定频域响应指标最优的控制器矩阵。但该方法存在数值化求解运算量大以及不便于在线调节等缺点。文献[52][54]通过提出期望的对角化闭环响应传递函数矩阵的方法(Liu 方法),解析地反向推导出解耦控制器矩阵的表达式,但所得结果往往无法物理实现,该方法基于数学线性分式 Pade 逼近变换,做有理逼近来复现构造出其可稳定执行的形式。虽然从数学推导上看比较完美,但在实践中依然存在求解运算量大、解耦效果较差等问题。

④ 逆解耦

逆解耦控制(Inverted Decoupling Control,IDC),也称作前馈解耦控制,文献[55]最早讨论了逆解耦方法,并根据不变性原理证明了逆解耦和矩阵求逆的一致性,给出了以主对角为解耦目标的逆解耦器设计公式。文献[56]提出推广的逆解耦的设计方法,并将逆解耦的方法应用到高维多变量系统的控制中,取得了良好的控制效果,TITO 系统的逆解耦结构如图1-5[56]。逆解耦相比矩阵求逆,避免了矩阵复杂的求逆运算,所需的解耦网络更少,并且解耦网络支路的数学模型阶次更低,在对高维多变量解耦控制中具有巨大优越性;但逆解耦也存在实现问题和稳定问题。实现问题虽可通过设计补偿矩阵进行补偿,但对复杂的控制对象,补偿矩阵的设计很困难,没有一个设计准则;稳定性是系统的一个重要特性,是控制系统能够正常运行的前提,对逆解耦稳定性分析文献比较少。Wade[57]针对矩阵元素为一阶加时滞的双输入双输出被控对象,根据增益和相角的关系讨论标称系统逆解耦矩阵稳定性;文献[58]对双输入双输出时滞系统进行研究,分析了逆解耦矩阵稳定条件,提出了一种改进的解耦策略;这些结论还不完备,都存在一些问题和需要改进完善的地方,且结论大都局限于稳定的双输入双输出系统,并没有推广到 MIMO 系统。实现问题和稳定问题大大限制了逆解耦的推广应用。

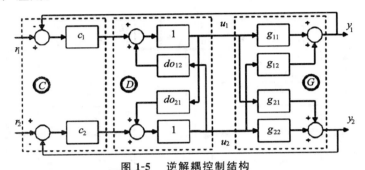

图 1-5　逆解耦控制结构

3) 其他解耦控制结构

除了上面介绍的解耦控制方法以外,多变量内模控制结构和多变量 Smith 预估控制结构也取得了良好的控制效果。

① 多变量内模控制结构

标准的多变量内模控制结构如图 1-6 所示。Q 是内模控制器矩阵,G 是 $n \times n$ 维多变量时滞过程,G_m 是被控过程辨识模型。

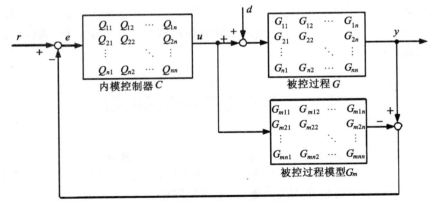

图 1-6　标准内模控制结构

M. LEE[32] 对单变量时滞过程的内模控制结构直接推广用于多变量系统,推导出单参数对角矩阵的控制器形式。Wang[59] 对根据频域响应指标推导出不可物理实现的解耦内模控制器矩阵,采用最小二乘法拟合出物理可实现的解耦控制器矩阵。文献[60][61]基于内模控制原理分别给出了两种设计解耦控制器矩阵的方法。

②Smith 预估控制结构

多变量 Smith 预估控制结构,如图 1-7 所示。C 是解耦控制器矩阵,G 是 $n \times n$ 维被控时滞过程,G_m 是被控对象辨识模型,G_{mo} 是由 G_m 中各元素不包含时滞部分组成的有理传递函数。

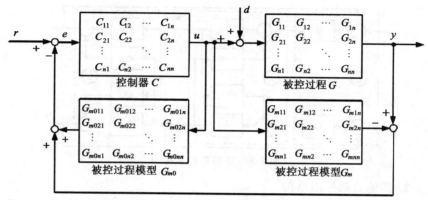

图 1-7　Smith 预估控制结构

Smith 预估控制结构在单变量大时滞过程中控制中获得成功。学者们尝试将其推广应用于多变量时滞过程,解耦器的引入将多变量史密斯预估器设计问题直接转化为多个单变量史密斯预估器设计问题。文献[62][63][64][65][66] 给出了一些多变量 Smith 预估控制结构的整定方法,与传统的解耦方法相比,Smith 预估控制结构获得了良好的输出性能。然而当实际被控过程存在不确定性时,闭环系统的传递函数会变得很复杂,难以评估其动态性能和稳定性[3]。

1.4　本书的主要研究内容

从现代多变量时滞过程频域解耦控制系统的研究现状可以看出,针对稳定多变量时滞过程的解耦控制系统方案在设计方法上和系统性能分析上都存在大量需要改进和完善的地方。本书使用频域方法,针对实际过程中具有单位反馈控制结构的多变量时滞过程的解耦控制系统控制问题进行了一些研究,针对 TITO 系统,研究动态解耦矩阵的设计和参数整定方法的选择,解析设计 PID 解耦控制器,并对系统的性能鲁棒性进行分析。针对高维多变量时滞系统,主要采用逆解耦的方法对其进行解耦。针对逆解耦器的存在实现问题,分析讨论了前向通道选取对逆解耦矩阵实现性的影响;给出了解耦矩阵可实现的必要条件;提出一种逆解耦器时滞补偿矩阵的规范设计准则,并对逆解耦矩阵的稳定性进行分析,对逆解耦稳定性分析范围由 TITO 系统推广到 MIMO 系统,给出高维多变量系统逆解耦矩阵 BIBO 稳定充要条件。在这些研究成果的基础上,给出高维多变量时滞系统完整的逆解耦设计方案。本书的主要内容和结构安排如下:

第一章概述了多变量频域控制方法的研究现状,并对典型多变量时滞系统的解耦控制设计方法进行了综述评价,指出了一些存在的问题,并给出了本书的主要研究内容和结构。

第二章主要研究 TITO 时滞过程的 PID 解耦控制器解析设计问题。根据耦合矩阵[67]的思想,提出一种简单解耦控制器矩阵的设计方法,避免了矩阵复杂的求逆运算,并且解耦矩阵形式简单、易于实现。结合二自由度 PID 预期动态法(Desired Dynamic Equation,DDE)[68]不依赖于精确模型且鲁棒性强的特性,给出了 TITO 时滞系统的 PID 解耦设计方案,并采用 Monte-Carlo 原理检验和评价控制系统的性能鲁棒性。通过对几个典型化工对象模型的仿真验证,相比近期文献中同类方法,该方案具有良好的动态特性和较强的性能鲁棒性。

第三章介绍逆解耦控制器的设计原理,主要研究补偿矩阵的设计,对逆解耦控制器可实现性进行分析,讨论了前向通道选取对逆解耦矩阵实现性的影响,给出了解耦矩阵可实现的必要条件;提出一种时滞逆解耦补偿矩阵规范设计准则,并针对不满足时滞可实现条件的一大类控制对象,提出一种基于 Pade 近似逆解耦矩阵改进设计方法,大大拓宽了逆解耦控制方案的应用范围。

第四章对逆解耦矩阵的稳定性进行分析,对逆解耦稳定性分析范围由 TITO 系统推广到 MIMO 系统,给出 MIMO 系统逆解耦矩阵 BIBO 稳定充要条件。对无时滞逆解耦矩阵,采用矩阵分式描述(MFD)的数学工具,提出一种判定逆解耦矩阵稳定性的方案;对含时滞逆解耦矩阵稳定性分析,采用 Matlab 仿真形式进行判定。为分析逆解耦控制方法的应用范围,本文用 Mente-Carlo 随机方法获得了多变量系统的阶次与逆解耦矩阵稳定性的分布规律,为逆解耦方法的应用提供理论指导。

第五章针对 MIMO 时滞系统,在第三、四章的基础上,设计了逆解耦控制方案。将逆解耦控制方案应用到四个典型化工对象和一个六输入六输出被控对象,通过与目前对多变量控制的各种典型方案进行比较,展示和验证了逆解耦方案在高维多变量控制上的优越性。

第六章从机理上对带钢板形板厚耦合系统模型进行了分析,针对较为精确的板形板厚系统综合模型,设计逆解耦 PI 控制方案与工业中常采用的分散控制进行仿真对比,并采用 Monte-Carlo 原理检验和评价控制系统的性能鲁棒性。

第七章对交联耦合的四水箱装置进行了研究。多水箱液位控制问题是工业过程中典型的多变量控制问题,同时也是多变量控制概念以及方法进行验证研究时常用的典型问题。本章采用预期动态法结合前馈补偿的全解耦控制器设计PI解耦控制方案,在几个典型四水箱模型和英国Feedback公司提供的 Feedback 33-040s Coupled Tanks 水箱液位控制装置上进行实验研究来验证了算法的有效性。

第八章对全书工作进行了总结,并指出了课题有待解决的问题和进一步研究的方向。

2　双输入双输出时滞过程解耦控制设计

　　PID 控制具有结构简单、容易实现、强鲁棒性等优点,是工业过程控制领域应用最为广泛的控制策略。PID 控制思想起源于 1922 年 Minorsky 对船舶驾驶伺服机构的研究[69]。Ziegler J. G. 和 Nichols N. B. 在 1942 年提出著名的 ZN 整定公式[70],首次为 PID 提供了明确的参数整定规则。针对单变量时滞过程的 PID 控制器设计及参数整定方法有很多。文献[71]系统地整理分类了 1942 ~ 2002 年这段时期发表的 PID 整定公式,据统计,PID 整定规则的适用对象共计 18 种形式,PID 控制器的结构及其变型多达 26 种。随着控制理论的不断发展和完善,许多先进控制方法不断涌现,它们尽管在理论研究和控制系统仿真中获得验证,但是由于其原理和实现都比较复杂,仅仅在航天领域获得了重大成功,而在环境恶劣的现代工业控制中应用有限。PID 控制依然在工程控制中占据主导地位,重新吸引了人们关注的目光[72]。随着现代工业的发展,对控制系统提出更高的要求,促使研究人员对传统控制策略做进一步的改进和完善。Van Overschee 和 De Moor 指出[73],80% 的 PID 控制器整定很差,30% 的 PID 控制器依靠工程人员的经验处于手动状态。因此,如何找到 PID 控制器参数与系统输出性能间的关系是 PID 控制器参数整定的主要内容,PID 控制器的整定仍是值得深入研究的问题。

　　双输入双输出过程是实际生产过程中最为常见的一类对象,且很多高阶多变量过程的控制问题也可以转化为几个双输入双输出过程的控制问题[13][30][40],然而由于两个输出变量之间存在耦合作用,使得大多数已发展的单变量控制方法很难用于双输入双输出过程。对于耦合严重的系统,分散控制无法完全补偿被控过程内部的耦合,需要在多变量过程前面添加动态解耦矩阵,然后结合分散控制器来实现有效控制。动态解耦矩阵对系统性能有至关重要的影响。

　　本章主要研究动态解耦矩阵的设计和参数整定方法的选择,设计目标是解耦矩阵形式简单、实用且具有良好的动态解耦性能。在获得良好的解耦性能后,选择合适的参数整定方法,使得双输入双输出时滞过程具有良好的动态特性和较强的性能鲁棒性。

2.1　问题描述

典型的双输入双输出二自由度解耦控制结构如图 2-1 所示。

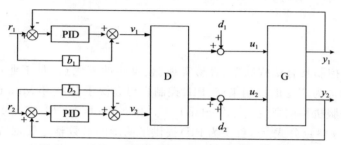

图 2-1　双输入双输出二自由度 PID 解耦控制系统

其中：r_i 为设定值输入，y_i 为系统输出，u_i 为控制信号，d_i 为扰动信号，v_i 为二自由度 PID 控制器输出，b_i 为二自由度控制系数，$b_i \neq 0$ 时为二自由度 PID 控制器，$G = \left[g_{ij}\right]_{2\times2}$ 为被控对象模型，$D = \left[d_{ij}\right]_{2\times2}$ 为解耦控制器矩阵，$i,j = 1,2$。

2.2　双输入双输出时滞过程 PID 解耦控制器解析设计

2.2.1　解耦控制器矩阵设计

实际生产中常见的双输入双输出时滞过程传递函数矩阵的辨识模型一般为：

$$G(s) = \begin{bmatrix} g_{11}(s) & g_{12}(s) \\ g_{21}(s) & g_{22}(s) \end{bmatrix} \tag{2-1}$$

式中，$g_{ij} = k_{ij}g_{\alpha ij}(s)e^{-\theta_{ij}s}$，$k_{ij}$ 是稳态增益实系数，$g_{\alpha ij(s)}$ 是稳定正则的无时滞有理部分，$i,j = 1,2$。

解耦控制器矩阵为：

$$D(s) = \begin{bmatrix} d_{11}(s) & d_{12}(s) \\ d_{21}(s) & d_{22}(s) \end{bmatrix} \tag{2-2}$$

在标称情况下，经解耦控制得到开环传递函数 H 为：

$$H(s) = GD = \begin{bmatrix} g_{11} & g_{12} \\ g_{21} & g_{22} \end{bmatrix} \begin{bmatrix} d_{11} & d_{12} \\ d_{21} & d_{22} \end{bmatrix} = \begin{bmatrix} g_{11}d_{11}+g_{12}d_{21} & g_{11}d_{12}+g_{12}d_{22} \\ g_{21}d_{11}+g_{22}d_{21} & g_{21}d_{12}+g_{22}d_{22} \end{bmatrix}$$

(2-3)

通过考察公式(2-3)可以获得系统内部耦合的特征[67]，并定义 K_{cms} 为图 2-1 所示系统的耦合矩阵。

$$K_{cms} = \begin{bmatrix} 0 & g_{11}d_{12}+g_{12}d_{22} \\ g_{21}d_{11}+g_{22}d_{21} & 0 \end{bmatrix}$$

(2-4)

只要让 K_{cms} 等于零，即公式(2-4)等于零，图 2-1 所示系统就等价为两个彼此独立的单输入单输出控制系统，系统输出就可以实现完全解耦。

由 $K_{cms} = 0$ 可以确定如下表达式：

$$k_{11}g_{o11}e^{-\theta_{11}s}d_{12} + k_{12}g_{o12}e^{-\theta_{12}s}d_{22} = 0$$

(2-5)

$$k_{21}g_{o21}e^{-\theta_{21}s}d_{11} + k_{22}g_{o22}e^{-\theta_{22}s}d_{21} = 0$$

(2-6)

为了确保控制器元素不包含预估项，可物理实现，双输入双输出解耦器矩阵各元素设计如下：

$$\begin{cases} d_{12} = \dfrac{g_{o12}(s)}{g_{o11}(s)}e^{-(\theta_{12}-\theta_{11})s} & d_{22} = -\dfrac{k_{11}}{k_{12}} & (\theta_{12}-\theta_{11} \geqslant 0) \\[3mm] d_{22} = \dfrac{g_{o11}(s)}{g_{o12}(s)}e^{-(\theta_{11}-\theta_{12})s} & d_{12} = -\dfrac{k_{12}}{k_{11}} & (\theta_{12}-\theta_{11} < 0) \end{cases}$$

(2-7)

$$\begin{cases} d_{11} = \dfrac{g_{o22}(s)}{g_{o21}(s)}e^{-(\theta_{22}-\theta_{21})s} & d_{21} = -\dfrac{k_{21}}{k_{22}} & (\theta_{22}-\theta_{21} \geqslant 0) \\[3mm] d_{21} = \dfrac{g_{o21}(s)}{g_{o22}(s)}e^{-(\theta_{21}-\theta_{22})s} & d_{11} = -\dfrac{k_{22}}{k_{21}} & (\theta_{22}-\theta_{21} < 0) \end{cases}$$

(2-8)

对模型未知系统，可通过机理分析法或系统辨识的方法建模，建立模型后，依照公式(2-7)、(2-8)进行简单解耦控制器矩阵的设计。

2.2.2　预期动态法(DDE)

传统 PID 控制器只能针对设定值跟踪和扰动抑制两种情况之一进行设计，很难获得最佳的控制效果[74][75]。Horowitz 在 1963 年将二自由度概念引入 PID 控制系统；Åström 和 Panagopoulos 等[76][77]采用二自由度 PID 结构，设计闭环系统最大灵敏度，通过优化的方法整定 PID/PI 参数；本课题组对一种非线性鲁棒控制器(Tornambe Controller，TC)[78]进行结构分析，推导得到了 PID 等价形式，将控制要求通过设计预期动力学方程系数反映在控制器参数中，提出一种二自由度 PID 预期动态法(Desired Dynamic

Equation，DDE）[68]，该方法不依赖于精确模型，并且能够通过在线整定来适应对象的未建模动态，具有较强的鲁棒性。

对于单输入单输出（SISO）系统，被控对象可近似表示为：

$$G'_p(s) = H \frac{b_0 + b_1 s + \cdots + b_{n-r-1} s^{n-r-1} + s^{n-r}}{a_0 + a_1 s + \cdots + a_{n-1} s^{n-1} + s^n} \tag{2-9}$$

式中，n 为系统极点个数，r 为相对阶次，H 为系统高频增益。考虑模型误差及系统不确定性，H、$a_i (i = 0, \cdots, n-1)$、$b_i (i = 0, \cdots, n-r-1)$ 均为未知参数。

Tornambe[78] 针对对象（2-9）设计了一种控制器（TC），设 $(\boldsymbol{A}, \boldsymbol{B}, \boldsymbol{C})$ 为系统（2-9）的最小能控实现，通过如下变换：

$$\begin{cases} z_i = \boldsymbol{C} \boldsymbol{A}^{i-1} x, & i = 1, \cdots, r \\ w_i = x_i, & i = 1, \cdots, n-r \end{cases} \tag{2-10}$$

可将系统化为标准型：

$$\dot{z}_i = z_{i+1}, i = 1, \cdots, r-1 \tag{2-11}$$

$$\dot{z}_r = -\sum_{i=0}^{r-1} c_i z_{i+1} - \sum_{i=0}^{n-r-1} d_i w_{i+1} + Hu \tag{2-12}$$

$$\dot{w}_i = w_{i+1}, i = 1, \cdots, n-r-1 \tag{2-13}$$

$$\dot{w}_{n-r} = -\sum_{i=0}^{n-r-1} b_i w_{i+1} + z_1 \tag{2-14}$$

$$y = z_1 \tag{2-15}$$

式中，$c_i (i = 0, \cdots, r-1)$、$d_j (j = 0, \cdots, n-r-1)$ 为未知参数。将系统的各种不确定性和外扰归结为扩张状态变量：

$$f(z, w, u) = -\sum_{i=0}^{r-1} c_i z_{i+1} - \sum_{i=0}^{n-r-1} d_i w_{i+1} + (H-1)u \tag{2-16}$$

则公式（2-12）可以重新写为：

$$\dot{z}_r = f(z, w, u) + u \tag{2-17}$$

设计 Tornambe 型控制器：

$$\hat{f} = \xi + k z_r \tag{2-18}$$

$$\dot{\xi} = -k\xi - k^2 z_r - ku \tag{2-19}$$

$$u = -\sum_{i=0}^{r-1} h_i z_{i+1} - \hat{f} \tag{2-20}$$

其中，公式（2-18）、（2-19）为观测器，用来实时观测扩张状态变量 $f(z, w, u)$。选取合适参数可使闭环系统动态特性满足 $y/y_r = h_0/(h_0 + \cdots + h_{r-1} s^{r-1} + s^r)$。

当相对阶次 $r = 2$ 时，二自由度 PID 预期动态法（DDE）重新定义了 TC 中表示模型误差等系统不确定性和外扰的扩张状态变量：

$$f(z,w,u) = -c_0 z_1 - c_1 z_2 - \sum_{i=0}^{n-3} d_i w_{i+1} + (H-l)u \qquad (2\text{-}21)$$

式中，l 为一适当正数。公式(2-17)、(2-19)相应变为：

$$\dot{z}_2 = f(z,w,u) + lu \qquad (2\text{-}22)$$

$$\dot{\xi} = -k\xi - k^2 z_2 - klu \qquad (2\text{-}23)$$

对公式(2-18)两边求导，将公式 (2-22)、(2-23) 代入，并进行 Laplace 变换得到：

$$\hat{f} = \frac{k}{s+k}f \qquad (2\text{-}24)$$

式中 k 是观测器参数。欲使闭环系统满足预期动态特性方程：

$$\frac{y(s)}{y_r(s)} = h(s) = \frac{h_0}{h_0 + h_1 s + s^2} \qquad (2\text{-}25)$$

则控制律为：

$$u = [-h_0(z_1 - y_r) - h_1 z_2 - f]/l \qquad (2\text{-}26)$$

用观测器变量 $\hat{f}$ 近似取代扩张状态变量 f，对公式(2-22)进行 Laplace 变换代入公式(2-26)，则控制律可化为：

$$u = [-h_0(y - y_r) - h_1 sy - \frac{k}{s+k}(s^2 y - lu)]/l \qquad (2\text{-}27)$$

公式(2-27)等号两边同乘以 $(s+k)l$，得：

$$(s+k)lu = -h_0(s+k)(y - y_r) - h_1(s+k)sy - k(s^2 y - lu) \qquad (2\text{-}28)$$

即：

$$\begin{aligned} slu &= -h_0(s+k)(y - y_r) - h_1(s+k)sy - ks^2 y \\ &= -h_0 s(y - y_r) - h_0 k(y - y_r) - h_1 s^2 y - h_1 ksy - ks^2 y \\ &= -(h_0 + h_1 k)s(y - y_r) - h_0 k(y - y_r) - (h_1 + k)s^2 y - h_1 ksy_r \end{aligned} \qquad (2\text{-}29)$$

式(2-29)两边同除以 sl，得到二自由度 PID 控制律：

$$u = k_p(y_r - y) + \frac{k_i}{s}(y_r - y) + k_d s(y_r - y) - by_r \qquad (2\text{-}30)$$

$$\begin{cases} k_p = (h_0 + h_1 k)/l, k_i = kh_0/l \\ k_d = (h_1 + k)/l, b = kh_1/l \end{cases} \qquad (2\text{-}31)$$

2.2.3 基于 Mente-Carlo 原理的控制系统性能鲁棒性评价

1) Mente-Carlo 方法

Mente-Carlo 方法是一种随机抽样试验方法,利用服从某种分布的随机数来模拟实际系统中出现的模型参数随机摄动现象。1993年Ray等[79]采用Mente-Carlo方法分析了线性系统的随机鲁棒性,徐峰、王维杰等[80]采用Mente-Carlo原理对各种 PID 整定方法进行评析和优选。

性能鲁棒性是指控制系统在结构或参数发生一定摄动时仍维持某些性能的特性,它是评价控制系统性能优劣的重要指标之一。按照标称模型设计的控制器,需要评定其性能鲁棒性。本文采用 Monte-Carlo 原理检验和评价控制系统的性能鲁棒性。

2) 性能鲁棒性评价

① 确定研究对象的参数变化区间,在该区间内随机选取,构成随机抽样模型;

② 将随机抽样模型取代标称模型,与为标称模型设计的控制器组成单位反馈闭环控制系统;确定实验次数(N)及考察的性能指标。性能指标一般选为调节时间(t_s)和超调量($\sigma\%$);

③ 重复进行 N 次仿真实验,得到 N 组调节时间(t_s)和超调量($\sigma\%$)的性能指标值构成的二维性能指标集合$\{t_s,\sigma\%\}$,通过图形将此集合表示出来;

④ 根据所得到的结果,比较各种整定方法的整定效果以及性能指标的散布程度,范围越小说明控制系统的性能鲁棒性越强。

2.2.4 解耦 PID 控制器设计步骤

1) 根据给定控制对象模型,依照公式(2-7)、(2-8)进行解耦控制器矩阵的设计;

2) 根据解耦后的目标函数,采用预期动态法(DDE)进行 PID 参数整定;

① 根据预期调节时间(t_s)和超调量($\sigma\%$),依照经典控制理论对二阶系统的分析,确定预期动态特性参数(h_0,h_1);

② 由公式(2-24)知,当 $k \to \infty$ 时,$\hat{f} \to f$,实际动态才满足预期动态特性方程(2-25)。然而 k 的增大可能导致系统不稳定,k 的增大有利于提高观

测器的响应速度,然而同时会使观测器的频带变宽,从而降低它对高频噪声的抑制能力。为兼顾观测器响应速度和抗扰性能的要求,在应用预期动态法(DDE)整定 PID 参数时通常取 $k = 10 * \mathrm{sgn}(H)$,H 为系统的高频增益;

③ 根据参数稳定域,确定 l 值;

④ 按公式(2-31)确定 PID 控制器参数。

3) 按 2.2.3 步骤进行 Monte Carlo 实验,检验解耦控制器在被控对象存在不确定性情况下的性能鲁棒性。

2.2.5　仿真实例

1) 分散控制、简单解耦控制、预期目标解耦控制三种方案比较

例1　Wood-Berry 模型(WB):

$$G_1(s) = \begin{bmatrix} \dfrac{12.8e^{-s}}{16.7s+1} & \dfrac{-18.9e^{-3s}}{21s+1} \\ \dfrac{6.6e^{-7s}}{10.9s+1} & \dfrac{-19.4e^{-3s}}{14.4s+1} \end{bmatrix}$$

例2　Vinante-Luyben 模型(VL):

$$G_2(s) = \begin{bmatrix} \dfrac{-2.2e^{-s}}{7s+1} & \dfrac{1.3e^{-0.3s}}{7s+1} \\ \dfrac{-2.8e^{-1.8s}}{9.5s+1} & \dfrac{4.3e^{-0.35s}}{9.2s+1} \end{bmatrix}$$

例3　Wardle-Wood 模型(WW):

$$G_3(s) = \begin{bmatrix} \dfrac{0.126e^{-6s}}{60s+1} & \dfrac{-0.101e^{-12s}}{(45s+1)(48s+1)} \\ \dfrac{0.094e^{-8s}}{(38s+1)} & \dfrac{-0.12e^{-8s}}{35s+1} \end{bmatrix}$$

例4　Ogunnaike-Ray 模型(OR2):

$$G_4(s) = \begin{bmatrix} \dfrac{22.89e^{-0.2s}}{4.572s+1} & \dfrac{-11.64e^{-0.4s}}{1.807s+1} \\ \dfrac{4.689e^{-0.2s}}{2.174s+1} & \dfrac{5.8e^{-0.4s}}{1.801s+1} \end{bmatrix}$$

对于以上 4 个广泛研究的 WB、WW、VL、OR2 实例,分别设计分散 PID 控制器、简单 PID 解耦控制器和预期目标 PID 解耦控制器三种方案。采用 DDE 方法整定可调参数,使三种方案在标称系统下获得相近的设定点跟踪响应速度和超调量,利用 Monte-Carlo 随机实验方法对其进行性能鲁棒性分析。从方案设计复杂性、标称系统输出动态响应及摄动系统的性能鲁棒性三个方面全面客观分析三种方案的优劣。

① 方案设计对比

对象模型及解耦控制矩阵见表 2-1,三种方案控制器参数见表 2-2,从方案设计复杂性看,预期解耦复杂,简单解耦次之,分散控制最简单。

表 2-1　对象模型及解耦矩阵表

模型	分散控制矩阵	简单解耦矩阵	预期解耦矩阵
WB	$\begin{bmatrix} 1 & 0 \\ 0 & 1 \end{bmatrix}$	$\begin{bmatrix} \dfrac{19.4}{6.6} & \dfrac{(16.7s+1)e^{-2s}}{21s+1} \\ \dfrac{(14.4s+1)e^{-4s}}{10.9s+1} & \dfrac{12.8}{18.9} \end{bmatrix}$	$\dfrac{\begin{bmatrix} 1 & \dfrac{18.9}{12.8}\dfrac{16.7s+1}{21s+1}e^{-2s} \\ \dfrac{6.6}{19.4}\dfrac{14.4s+1}{10.9s+1}e^{-4s} & 1 \end{bmatrix}}{1-\dfrac{6.6\times18.9}{12.8\times19.4}\dfrac{16.7s+1}{21s+1}\dfrac{14.4s+1}{10.9s+1}e^{-6s}}$ （预期目标 $d_{yq11}=d_{11},d_{yq22}=d_{22}$）
WW	$\begin{bmatrix} 1 & 0 \\ 0 & 1 \end{bmatrix}$	$\begin{bmatrix} \dfrac{38s+1}{35s+1} & \dfrac{e^{-6s}}{45s+1} \\ \dfrac{0.094}{0.12} & \dfrac{0.126}{0.101}\dfrac{48s+1}{60s+1} \end{bmatrix}$	$\dfrac{\begin{bmatrix} 1 & \dfrac{0.101}{0.126}\dfrac{60s+1}{48s+1}\dfrac{1}{45s+1}e^{-6s} \\ \dfrac{0.094}{0.12}\dfrac{35s+1}{38s+1} & 1 \end{bmatrix}}{1-\dfrac{0.094\times0.101}{0.12\times0.126}\dfrac{35s+1}{38s+1}\dfrac{60s+1}{48s+1}\dfrac{1}{45s+1}e^{-6s}}$ （预期目标 $d_{yq11}=d_{11},d_{yq22}=d_{22}$）
VL	$\begin{bmatrix} 1 & 0 \\ 0 & 1 \end{bmatrix}$	$\begin{bmatrix} \dfrac{4.3}{2.8} & \dfrac{1.3}{2.2} \\ \dfrac{(9.2s+1)e^{-1.45s}}{9.5s+1} & e^{-0.7s} \end{bmatrix}$	$\dfrac{\begin{bmatrix} 1 & 1 \\ \dfrac{2.8}{4.3}\dfrac{9.2s+1}{9.5s+1}e^{-1.45s} & \dfrac{2.2}{1.3}e^{-0.7s} \end{bmatrix}}{1-\dfrac{1.3\times2.8}{2.2\times4.3}\dfrac{9.2s+1}{9.5s+1}e^{-0.75s}}$ （预期目标 $d_{yq11}=d_{11},d_{yq22}=d_{22}$）
OR2	$\begin{bmatrix} 1 & 0 \\ 0 & 1 \end{bmatrix}$	$\begin{bmatrix} \dfrac{(2.174s+1)e^{-0.2s}}{10.9s+1} & \dfrac{(4.572s+1)e^{-0.2s}}{1.807s+1} \\ -\dfrac{4.689}{5.8} & \dfrac{22.89}{11.64} \end{bmatrix}$	$\dfrac{\begin{bmatrix} e^{-0.2s} & \dfrac{11.64}{22.89}\dfrac{4.572s+1}{1.807s+1}e^{-0.2s} \\ -\dfrac{4.689}{5.8}\dfrac{1.801s+1}{2.174s+1} & 1 \end{bmatrix}}{1+\dfrac{11.64\times4.689}{22.89\times5.8}\dfrac{1.801s+1}{1.807s+1}\dfrac{4.572s+1}{2.174s+1}}$ （预期目标 $d_{yq11}=d_{11}e^{-0.2s},d_{yq22}=d_{22}$）

表 2-2　控制器参数表

模型	方法	$\begin{cases} k_{p1},k_{i1},k_{d1},b_1 \\ k_{p2},k_{i2},k_{d2},b_2 \end{cases}$
WB	分散控制	$\begin{cases} 0.2478,\quad 0.0539,\quad 0.2061,\quad 0.2424 \\ -0.1889,-0.0307,-0.3808,-0.1920 \end{cases}$
	简单解耦控制	$\begin{cases} 0.1971,\quad 0.0512,\quad 0.0992,\quad 0.1920 \\ -0.2048,-0.0297,-0.1610,-0.2078 \end{cases}$
	预期解耦控制	$\begin{cases} 0.6370,\quad 0.1364,\quad 0.3481,\quad 0.6234 \\ -0.1693,-0.0210,-0.1829,-0.1714 \end{cases}$
WW	分散控制	$\begin{cases} 94.5444,\quad 5.5943,\quad 272.5564,\quad 93.9850 \\ -39.7209,-2.7907,-129.3333,-40 \end{cases}$
	简单解耦控制	$\begin{cases} 80.6154,\quad 6.1538,\quad 208,\quad 80 \\ -33.6784,-2.1992,-79.9435,-33.8983 \end{cases}$
	预期解耦控制	$\begin{cases} 67.0844,\quad 4.1771,\quad 73.3333,\quad 66.6667 \\ -40.9781,-2.3111,-56.7063,-40.7470 \end{cases}$
VL	分散控制	$\begin{cases} 1.7014,\quad 0.3472,\quad 1.1667,\quad 1.6667 \\ -3.8400,-1.6000,-1.2667,-4 \end{cases}$
	简单解耦控制	$\begin{cases} -2.4118,-0.8824,-0.5833,-2.5000 \\ 1.6386,\quad 0.3855,\quad 0.5600,\quad 1.6000 \end{cases}$
	预期解耦控制	$\begin{cases} -2.5693,-0.9741,-0.7333,-2.6667 \\ 0.6136,\quad 0.1358,\quad 0.3100,\quad 0.6000 \end{cases}$
OR2	分散控制	$\begin{cases} 0.3584,0.2506,0.1167,0.3333 \\ 0.2855,0.2174,0.1033,0.2637 \end{cases}$
	简单解耦控制	$\begin{cases} 0.1748,0.1477,0.0227,0.1600 \\ 0.0877,0.0768,0.0147,0.0800 \end{cases}$
	预期解耦控制	$\begin{cases} 0.2659,0.1592,0.0375,0.2500 \\ 0.4949,0.4031,0.0871,0.4545 \end{cases}$

② 标称系统输出动态响应

标称系统 WB、WW、VL、OR2 依次分别加入两路单位阶跃给定值输入信号,并在动态响应平稳时,分别加入两路幅值 $d=0.1,3,0.1,0.1$ 的阶跃负载干扰信号到被控过程的输入端,得到仿真结果如图 2-2 所示。

由图 2-2 中可见,简单解耦和预期解耦方法的标称系统给定值响应平稳,两路输出响应之间几乎完全解耦,分散控制耦合扰动明显。

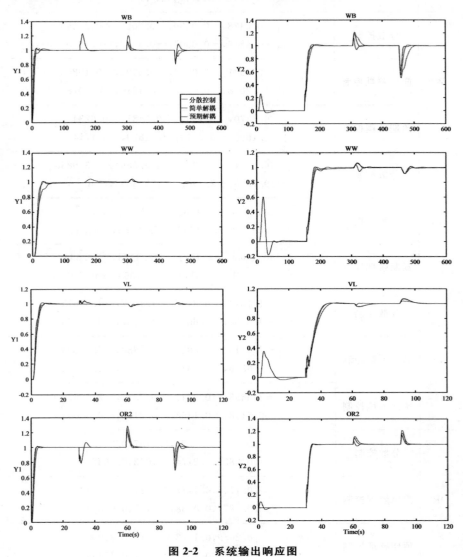

图 2-2　系统输出响应图

③ 摄动系统的性能鲁棒性分析

确定被控对象参数随机取值区间为标称模型参数上下 10%,实验次数 $N = 300$。根据 2.2.3 节步骤进行 Monte-Carlo 实验,检验控制器在被控对象存在不确定性情况下的性能鲁棒性。结果见图 2-3,摄动系统性能指标统计见表 2-3。

　　由图 2-3 和表 2-3 中可见,对大时滞对象 WB、WW 模型,简单解耦方法下系统的性能鲁棒性最好,分散控制次之,预期解耦在 WB 模型时系统发散,性能鲁棒性最差;对容易控制的对象 VL、OR2 模型,三种方法均能得到良好的性能鲁棒性。

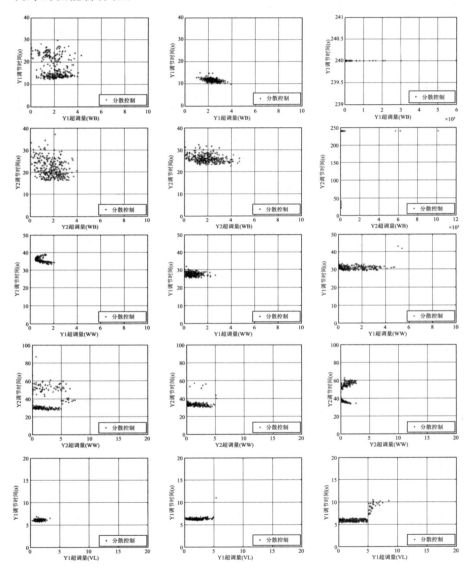

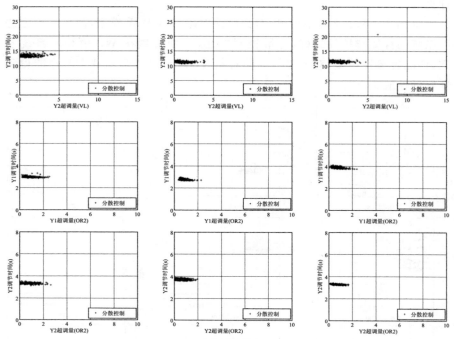

图 2-3 摄动系统性能鲁棒性分析

表 2-3 摄动系统性能指标统计表

	方法	y1 超调量（%）			y1 调节时间（s）		
		范围	均值	方差	范围	均值	方差
WB	分散控制	0 — 4.63	2.06	0.83	12.3 — 29.8	17.1	22.80
	简单解耦	1.04 — 3.95	2.36	0.23	9.82 — 15	11.6	0.51
	预期解耦	发散					
	方法	y2 超调量（%）			y2 调节时间（s）		
		范围	均值	方差	范围	均值	方差
	分散控制	0 — 4.0	1.69	0.94	16.2 — 37.2	21.66	15.66
	简单解耦	0 — 4.7	1.77	1.11	22.7 — 33.7	26.80	4.54
	预期解耦	发散					

	方法	y1 超调量（%）			y1 调节时间（s）		
		范围	均值	方差	范围	均值	方差
WW	分散控制	0.46－2.04	0.85	0.13	33.4－39.1	35.82	1.02
	简单解耦	0－2.67	0.72	0.31	25－32.7	27.34	1.18
	预期解耦	0－5.47	1.06	1.49	28.9－43.1	31.12	2.26
	方法	y2 超调量（%）			y2 调节时间（s）		
		范围	均值	方差	范围	均值	方差
	分散控制	0－7.37	1.72	3.66	27.7－87.2	36.97	186.4
	简单解耦	0－4.62	1.23	1.87	30－58.12	34.48	17.41
	预期解耦	0－2.77	0.62	0.42	33.8－63.9	44.88	93.54
	方法	y1 超调量（%）			y1 调节时间（s）		
		范围	均值	方差	范围	均值	方差
VL	分散控制	0.38－3.35	1.52	0.23	5.72－6.87	6.05	0.02
	简单解耦	0.13－4.98	1.98	1.28	5.98－11	6.33	0.12
	预期解耦	0－8.53	2.23	2.90	5.4－10.5	6.05	0.74
	方法	y2 超调量（%）			y2 调节时间（s）		
		范围	均值	方差	范围	均值	方差
	分散控制	0－4.5	1.24	0.57	12.7－14.6	13.30	0.11
	简单解耦	0－11.45	1.00	0.66	10.74－12	11.32	0.057
	预期解耦	0－4.74	1.10	0.79	10.8－12.2	11.51	0.059
	方法	y1 超调量（%）			y1 调节时间（s）		
		范围	均值	方差	范围	均值	方差
OR2	分散控制	0.21－2.53	1.01	0.22	2.86－3.3	2.96	0.004
	简单解耦	0.34－2.31	0.84	0.10	2.65－2.97	2.78	0.005
	预期解耦	0.05－2.41	0.83	0.14	3.75－4.11	3.89	0.006
	方法	y2 超调量（%）			y2 调节时间（s）		
		范围	均值	方差	范围	均值	方差
	分散控制	0－2.74	0.68	0.41	3.17－3.58	3.35	0.005
	简单解耦	0－2.05	0.65	0.21	3.57－3.9	3.72	0.005
	预期解耦	0.05－1.73	0.71	0.12	3.2－3.4	3.30	0.001

④ 结论

简单解耦控制方案简单实用,能够实现标称系统各通道输出响应完全解耦,并且在模型参数摄动下系统的性能鲁棒性优良。

2) 几种理想解耦控制方法仿真比较

考察被广泛研究的 Wood-Berry 蒸馏塔过程。

$$G_{ub}(s) = \begin{bmatrix} \dfrac{12.8e^{-s}}{16.7s+1} & \dfrac{-18.9e^{-3s}}{21s+1} \\ \dfrac{6.6e^{-7s}}{10.9s+1} & \dfrac{-19.4e^{-3s}}{14.4s+1} \end{bmatrix} \tag{2-32}$$

该模型为典型的双输入双输出时滞过程,简单 PID 解耦控制器与近期在该模型上取得良好控制效果的 Liu[81] 方法和 Wang[44] 方法做仿真比较,为了比较的公平性,整定可调参数获得与其他两种方法相近的设定点跟踪响应速度。从方案设计复杂性、标称系统输出动态响应及摄动系统的性能鲁棒性三个方面进行对比分析。

① 方案设计对比

三种方法的解耦矩阵及控制器参数见表 2-4,从解耦矩阵表现形式看,Wang 方法和本文形式比较简单且易于实现,Liu 方法形式复杂且难于实现;从控制器参数整定看,Wang 方法通过求取穿越频率,经过复杂计算整定 PID 控制器参数,Liu 方法对复杂的解耦控制器矩阵采用 Pade 近似来整定解耦 PID/PI 控制器,本文方法依照经典控制理论对二阶系统的分析,参数都有明确的物理含义,不需要复杂计算,容易整定。

② 标称系统输出动态响应

标称系统在 $t = 0s, 150s$ 分别加入两路单位阶跃给定值输入信号,并且在 $t = 300s, 450s$ 时分别加入两路幅值为 0.1 的阶跃负载干扰信号到被控对象的输入端,得到仿真结果如图 2-4 所示。

由图 2-4 中可见,本文方法下的标称系统给定值响应平稳,两路输出响应之间几乎完全解耦,负载干扰响应明显优于目前针对该化工蒸馏塔过程取得最好仿真控制效果的 Wang 方法和 Liu 方法;Wang 方法超调量过大,调节时间长;Liu 方法由于采用采用 Pade 近似,解耦效果差,负载干扰大。标称系统性能指标统计见表 2-5。用 $r_i y_j$ 表示被控对象第 i 通道加入单位阶跃给定值输入信号时的 y_j 输出。

表 2-4　控制方案参数

方法	解耦矩阵	控制器参数
本文方法	$\begin{bmatrix} \dfrac{19.4}{6.6} & \dfrac{(16.7s+1)e^{-2s}}{21s+1} \\[2mm] \dfrac{(14.4s+1)e^{-4s}}{10.9s+1} & \dfrac{12.8}{18.9} \end{bmatrix}$	$k_{p11}=0.1971, k_{i11}=0.0512$ $k_{d11}=0.0992, b_1=0.192$ $k_{p22}=-0.2258, k_{22}=-0.0387$ $k_{d22}=-0.1589, b_2=-0.2297$
Wang 方法	$\begin{bmatrix} 1 & \dfrac{(315.63s+18.9)e^{-2s}}{268.8s+12.8} \\[2mm] \dfrac{(95.04s+6.6)e^{-4s}}{211.46s+19.4} & 1 \end{bmatrix}$	$k_{p11}=0.2160, k_{i11}=0.0757$ $k_{d11}=0.0174, k_{p22}=-0.0675$ $k_{i22}=-0.0192, k_{d22}=-0.0634$
Liu 方法	$\begin{bmatrix} \dfrac{-19.4}{(14.4s+1)(2.5s+1-e^{-s})} & \dfrac{18.9e^{-2s}}{(21s+1)(6s+1-e^{-3s})} \\[2mm] \dfrac{-6.6e^{-4s}}{(10.9s+1)(2.5s+1-e^{-s})} & \dfrac{12.8}{(16.7s+1)(6s+1-e^{-3s})} \\[2mm] \dfrac{124.7e^{-6s}}{228.9s^2+31.9s+1} & \dfrac{248.3}{240.5s^2+31.1s+1} \end{bmatrix}$	$k_{p11}=0.4477, k_{i11}=22.299, T_{F12}=35.8366$ $k_{p12}=-0.6384, k_{i12}=37.5760, k_{d12}=3.3228$ $k_{p21}=0.1447, k_{i21}=65.5455, T_{F22}=72.3448$ $k_{p22}=-0.9250, k_{i22}=80.3843, k_{d22}=7.3880$

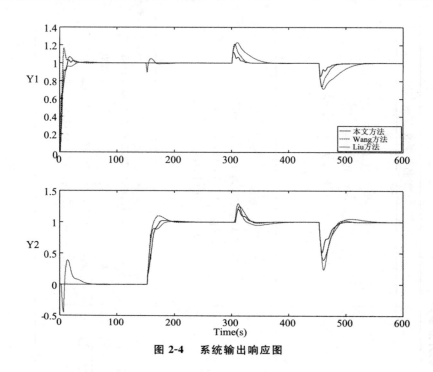

图 2-4　系统输出响应图

表 2-5　标称系统性能指标统计表

方法	$t_s(r_1 y_1)$	$\sigma\%(r_1 y_1)$	$y_2(r_1 y_2)$	$t_s(r_2 y_2)$	$\sigma\%(r_2 y_2)$
本文	12.63(s)	3.3397	近似为 0	19.95(s)	2.8018
Wang	21.27(s)	16.2150	0.00065349	35.21(s)	10.5099
Liu	12.17(s)	0.8580	0.4502	28.17(s)	1.1762
方法	$y_1(r_2 y_1)$	y_1 干扰(d_1)	y_1 干扰(d_2)	y_2 干扰(d_1)	y_2 干扰(d_2)
本文	近似为 0	0.1200	-0.1423	0.2040	-0.4822
Wang	0.00030357	0.2140	-0.2562	0.2540	-0.6068
Liu	0.1010	0.2310	-0.2871	0.2930	-0.7609

③ 摄动系统的性能鲁棒性分析

确定被控对象参数随机取值区间为标称模型参数上下 10%，实验次数 $N=300$。根据2.2.3节步骤进行 Monte Carlo 实验，检验控制器在被控对象存在不确定性情况下的性能鲁棒性。结果见图 2-5。

由图 2-5 中可见，本文方法系统的性能鲁棒性最好，Liu 方法次之，

Wang方法较差。摄动系统性能指标统计见表2-6。

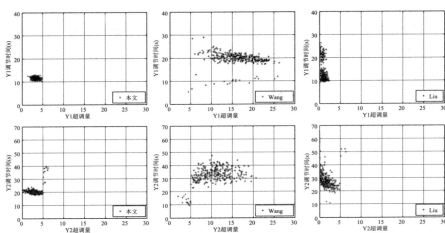

图 2-5　系统性能鲁棒性分析

表 2-6　摄动系统性能指标统计表

方法	超调量($\sigma\%$)			调节时间(t_s)		
	范围	均值	方差	范围	均值	方差
本文($r_1 y_1$)	$1.4023 \sim 4.8651$	3.2672	0.4115	$10.07 \sim 12.94$	11.6131	0.294
Wang($r_1 y_1$)	$4.4814 \sim 26.2212$	16.2358	18.974	$5.36 \sim 29.01$	19.5833	9.3593
Liu($r_1 y_1$)	$0 \sim 2.3551$	0.8927	0.2817	$9.43 \sim 26.37$	14.0578	23.9789
本文($r_2 y_2$)	$0.1124 \sim 6.2601$	2.9602	1.2517	$17.97 \sim 39.58$	20.7242	8.7628
Wang($r_2 y_2$)	$1.8879 \sim 20.7087$	10.6778	13.4962	$9.44 \sim 47.43$	32.4465	40.3749
Liu($r_2 y_2$)	$0 \sim 6.3266$	1.4469	1.7064	$10.91 \sim 57.58$	28.9123	38.8638

④ 结论

简单解耦控制方案简单实用,能够实现标称系统各通道输出响应完全解耦,并且在负载扰动和模型参数摄动下系统的性能鲁棒性优良。

2.3　本章小结

针对双输入双输出系统,提出一种更为简单动态解耦矩阵的设计方法,避免了矩阵复杂的求逆运算,解耦矩阵中的四个元素总能有两个为比例系数，得到了更容易实现的动态解耦矩阵的最简表达形式。结合 DDE 不依赖于精确模型且鲁棒性强的特性，给出了 TITO 时滞系统的 PID 解耦设计方案，并采用 Monte-Carlo 原理检验和评价控制系统的性能鲁棒性。通过仿真实例，验证了该方案具有良好的动态特性和较强的性能鲁棒性。

3　逆解耦控制器设计

　　随着各种先进生产工艺的发展,越来越多的生产过程被构造成高维多变量系统[3],然而由于多变量过程的各输出通道之间存在交联耦合作用,使得大多数已发展的单变量控制方法很难直接用于多变量过程。系统中时滞的存在对系统的控制和稳定都带来挑战,如何实现对高维多变量时滞过程的控制设计是过程控制领域中研究的热点和难点。

　　王永初最早讨论了逆解耦方法[55],给出了以主对角为解耦目标的逆解耦器设计公式,基于不变性原理证明了逆解耦和矩阵求逆的一致性。文献[57]针对矩阵元素为一阶惯性加时滞的双输入双输出被控对象,给出了满足逆解耦矩阵可实现的几种设计方法。文献[82]对逆解耦的鲁棒稳定性问题进行了研究,逆解耦和正向解耦在动态解耦控制系统标称性能相同时,两种解耦方案的鲁棒性是相同的。

　　Juan Garrido[56]提出一种推广的逆解耦的设计方法,并将逆解耦的方法应用到高维多变量系统的控制中,取得了良好的控制效果。对于被控对象逆解耦的不可直接实现问题,讨论用补偿矩阵的方法来解决逆解耦矩阵设计的实现问题。然而,对于复杂的被控对象,补偿矩阵的设计非常困难,Juan Garrido 把补偿实现归结为一个复杂的带约束的线性规划问题,但没有给出一个设计准则,这种方案对复杂对象可操作性很差,极大地限制了逆解耦的推广应用。

　　对高维时滞系统逆解耦控制的难点在逆解耦矩阵的实现性,如何规范设计逆解耦补偿矩阵非常重要。本章针对逆解耦器的设计问题进行研究,分析讨论了前向通道选取对逆解耦矩阵实现性的影响,给出了解耦矩阵可实现的必要条件;以时滞补偿为例,提出一种逆解耦补偿矩阵规范设计准则,并针对不满足时滞可实现条件的一类控制对象,提出一种基于 Pade 近似逆解耦矩阵改进设计方法。

3.1 逆解耦矩阵设计及分析

3.1.1 逆解耦矩阵设计

1)逆解耦矩阵基本设计公式

王永初在 20 世纪 80 年代出版的《解耦控制系统》[55] 中,最早讨论了逆解耦设计方法,被控对象的传递函数矩阵为 $G(s)$,选定 $G(s)$ 主对角为前向通道,解耦目标函数 $Q(s)$ 为 $G(s)$ 主对角各元素,则逆解耦矩阵 $D(s)$ 为:

$$d_{ii}(s) = 1 \quad \forall i$$

$$d_{ij}(s) = -\frac{g_{ij}(s)}{g_{ii}(s)} \quad \forall i,j;/j \neq i \qquad (3\text{-}1)$$

并依据不变性原理,通过对耦合对象的内部信号流图分析,证明了以公式(3-1)设计的逆解耦控制网络与正向矩阵求逆解耦的一致性。

2)逆解耦矩阵改进设计公式

Juan Garrido[56] 提出一种推广的逆解耦设计方法,该方法的解耦目标 $Q(s)$ 和前向通道选取并不局限于被控对象的主对角元,给以更大的自由度,构造出的逆解耦矩阵 $D(s)$ 如图 3-1[56] 所示。

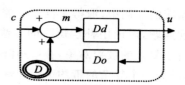

图 3-1 逆解耦控制器矩阵表达

$Dd(s),Do(s)$ 分别是逆解耦矩阵的前向传递函数矩阵和反馈传递函数矩阵。

① 逆解耦矩阵的设计规则[56]

设计解耦目标函数 $Q(s)$ 为:

$$Q(s) = \text{diag}(q_{11},q_{22},\cdots,q_{nn}) \qquad (3\text{-}2)$$

式中,$q_{ii} = k_{ii}q_{oii}(s)e^{-\theta_{qi}s}$,$k_{ii}$ 是稳态增益实系数,$q_{oii}(s)$ 是稳定正则的无时滞有理部分,$i = 1,2\cdots n$。

$Dd(s),Do(s)$ 选取规则为:

$$dd_{ij} = \frac{q_{jj}}{g_{ji}} \quad \forall i;j = p_i$$

$$do_{ij} = -\frac{g_{ij}}{q_{ii}} \quad \forall i,j;/i \neq p_j \tag{3-3}$$

对一个 $n \times n$ 的矩阵，$Dd(s)$ 每行每列有且只有一个非零元素 dd_{ij}，选定解耦目标函数 $Q(s)$ 后，n 个非零元素 dd_{ij} 和前向通道的 n 个元素一一对应，一个 $n \times n$ 的矩阵，前向通道的选取为 n 的一个全排列，因此 dd_{ij} 的选取有 $n!$ 种可能。

② 逆解耦不变性数学分析

由图 3-1 可得：

$$D(s) = Dd(s)(I - Do(s)Dd(s))^{-1} \tag{3-4}$$

$$D(s)^{-1} = (I - Do(s)Dd(s))Dd(s)^{-1} = Dd(s)^{-1} - Do(s) \tag{3-5}$$

把公式(3-3)带入到公式(3-5)可得：

$$D(s)^{-1} = Dd(s)^{-1} - Do(s) = \begin{bmatrix} \dfrac{g_{11}}{q_{11}} & \dfrac{g_{12}}{q_{11}} & \cdots & \dfrac{g_{1n}}{q_{11}} \\[2mm] \dfrac{g_{21}}{q_{22}} & \dfrac{g_{22}}{q_{22}} & \cdots & \dfrac{g_{2n}}{q_{22}} \\[2mm] \cdots & \cdots & \cdots & \dfrac{g_3}{q_{33}} \\[2mm] \dfrac{g_{n1}}{q_{nn}} & \dfrac{g_{n2}}{q_{nn}} & \cdots & \dfrac{g_{nn}}{q_{nn}} \end{bmatrix} \tag{3-6}$$

对公式(3-6)进行同等变形：

$$D(s)^{-1} = \begin{bmatrix} \dfrac{g_{11}}{q_{11}} & \dfrac{g_{12}}{q_{11}} & \cdots & \dfrac{g_{1n}}{q_{11}} \\[2mm] \dfrac{g_{21}}{q_{22}} & \dfrac{g_{22}}{q_{22}} & \cdots & \dfrac{g_{2n}}{q_{22}} \\[2mm] \cdots & \cdots & \cdots & \dfrac{g_3}{q_{33}} \\[2mm] \dfrac{g_{n1}}{q_{nn}} & \dfrac{g_{n2}}{q_{nn}} & \cdots & \dfrac{g_{nn}}{q_{nn}} \end{bmatrix} = Q(s)^{-1}G(s) \tag{3-7}$$

公式(3-7)两边取逆得：

$$D(s) = G(s)^{-1}Q(s) \tag{3-8}$$

公式(3-8)两边乘以 $G(s)$ 整理可得：

$$Q(s) = G(s)D(s) \tag{3-9}$$

则证明 dd_{ij}、do_{ij} 的选取规则可实现完全解耦。

3.1.2 逆解耦矩阵可实现分析

逆解耦矩阵是由多项式做除法的形式给出，它避免了矩阵求逆的复杂运算,解耦效果更好,设计更为简单,具有解耦网络少、逆解耦矩阵的阶次更低等诸多优点。相比目前多变量的各种解耦方法,逆解耦无疑是最好和最有发展前途的一种方案。

逆解耦矩阵设计中往往不满足时滞、相对阶次和最小相位的条件。从逆解耦控制器 dd_{ij}、do_{ij} 选取规则知道,dd_{ij}、do_{ij} 是由两个多项式做除法构成,如果分母时滞比分子的时滞大,会出现预测项,如果分母的阶次比分子的阶次高,会出现超前项,而预测项、超前项都是物理上不可实现的,如果分母上有非最小相位的存在,则会出现不稳定极点,使得系统不能稳定工作。上面三种情况极大地限制了逆解耦器的使用范围,必须加以补偿。

如果被控对象模型比较简单,可以用观察法直接设计逆解耦补偿矩阵;但对于复杂被控对象,补偿矩阵设计很困难,补偿矩阵设计在文献[56]中被归结为一个线性规划问题,这使得问题变得非常复杂,使得补偿矩阵很难获取。由于补偿矩阵的实现问题,使得逆解耦的应用范围会变得非常窄,如何寻找一种简单规范的补偿矩阵设计方法是非常重要的。

3.2　逆解耦补偿矩阵设计

3.2.1　前向通道选取

对一个 $n \times n$ 的被控对象 $G(s)$,文献[55]只选 $G(s)$ 的主对角为前向通道,Juan Garrido[56] 提出推广的逆解耦设计方法,前向通道的选取不局限于被控对象的主对角元,给以更大的自由度。对 $n \times n$ 被控对象 $G(s)$,前向通道的选取规则为,在 $G(s)$ 的每行每列仅选取一个元素 g_{ij},即为 n 的一个全排列,选取方式会有 $n!$ 种。

对于 $n!$ 种选择方案,如何选取前向通道对可实现补偿至关重要,本节通过对前向通道选取规则和可实现补偿矩阵的分析研究,得出了可实现补偿必要条件。

1)时滞可实现补偿必要条件

前向通道的选取有 $n!$ 种,每种选择对应 $G(s)$ 不同行列的 n 个元素的 g_{ij} 的时滞之和是不相同的。定义一个集合 ϕ,集合 ϕ 由 $n!$ 个元素组成,每个元素对应前向通道的一种选择,且这个元素的数值大小等于这次选择中前向通道各元素 g_{ij} 的时滞之和(n 个元素 g_{ij} 中如果有零元素时,规定 n 个元素 g_{ij} 的时滞之和为 ∞)。

$$\psi = \{\theta_1, \theta_2, \cdots, \theta_{n!-1}, \theta_{n!}\} \tag{3-10}$$

集合 ψ 中的最小值为 $\theta_{\min}$：

$$\theta_{\min} = \min(\theta_1, \theta_2, \cdots, \theta_{n!-1}, \theta_{n!}) \tag{3-11}$$

为方便描述，把 $\theta_{\min}$ 对应的前向通道一次选择记作 $(g_{ij}(\theta))_{\min}$，$(g_{ij}(\theta))_{\min}$ 对应的前向通道各元素的时滞（按行的次序排列）记作：

$$\{\theta_{1p_1(\min)}, \theta_{2p_2(\min)}, \cdots, \theta_{n-1p_{n-1}(\min)}, \theta_{np_n(\min)}\}$$

$$\theta_{\min} = \theta_{1p_1(\min)} + \theta_{2p_2(\min)} + \cdots + \theta_{n-1p_{n-1}(\min)} + \theta_{np_n(\min)} \tag{3-12}$$

把 $\theta_i(\theta_i \in \psi \; 且 \theta_i > \theta_{\min})$ 对应的前向通道一次选择记作 $(g_{ij}(\theta))_i$，$(g_{ij}(\theta))_i$ 对应的前向通道各元素的时滞（按行的次序排列）记作：

$$\{\theta_{1p_1(i)}, \theta_{2p_2(i)}, \cdots, \theta_{n-1p_{n-1}(i)}, \theta_{np_n(i)}\}$$

$$\theta_i = \theta_{1p_1(i)} + \theta_{2p_2(i)} + \cdots + \theta_{n-1p_{n-1}(i)} + \theta_{np_n(i)} \tag{3-13}$$

对不满足时滞可实现的 $G(s)$，时滞补偿矩阵的设计如下[56]：

$$N_\theta = diag(e^{-\theta_1 s}, e^{-\theta_2 s}, \cdots, e^{-\theta_i s}, \cdots, e^{-\theta_{n-1} s}, e^{-\theta_n s}) \quad \theta_i \geqslant 0 \tag{3-14}$$

根据公式（3-3）、（3-14）可知，时滞补偿后 $G(s)N_\theta$ 对应前向通道各元素的时滞 $\{\theta_{1p_{1_N}}, \theta_{2p_{2_N}}, \cdots, \theta_{n-1p_{n-1_N}}, \theta_{np_{n_N}}\}$，$G(s)N_\theta$ 时滞可实现判据为：

$$\theta_{ip_{i_N}} \leqslant \theta_{ij_N} \quad \forall i, j = \{1, 2, \cdots, n\} \tag{3-15}$$

通过对前向通道选取规则与时滞可实现补偿矩阵的分析研究，得出了如下定理。

定理　$G(s)$ 时滞可实现补偿必要条件：前向通道的选取只能在 $\theta_{\min}$ 对应的选择中选取。

证明：反证法。假设存在 $\theta_i(\theta_i \in \psi \; 且 \theta_i > \theta_{\min})$，且 $(g_{ij}(\theta))_i$ 能使得 $G(s)$ 时滞可实现补偿。

$\because \theta_i > \theta_{\min}$

则至少存在一行 $i(1 \leqslant i \leqslant n)$ 使得：

$$\theta_{ip_i(i)} > \theta_{ip_i(\min)} \tag{3-16}$$

根据时滞可实现的判据公式（3-15）可知，$(g_{ij}(\theta))_i$ 对应的前向通道各元素不直接满足时滞可实现性条件。

又 $\because (g_{ij}(\theta))_i$ 能使得 $G(s)$ 时滞可实现补偿，则必定存在时滞补偿矩阵 N_θ：

$$N_\theta = diag(e^{-\xi_1}, e^{-\xi_2}, \cdots, e^{-\xi_j}, \cdots, e^{-\xi_n}) \tag{3-17}$$

使得补偿后被控对象 $G(s)_N$ 满足时滞可实现的判据。

$$G(s)_N = G(s)N_\theta \tag{3-18}$$

$G(s)_N$ 在前向通道选为 $(g_{ij}(\theta))_i$ 时，对应 $G(s)_N$ 每行时滞记作：

$$\{\theta_{1p_1(i)_N}, \theta_{2p_2(i)_N}, \cdots, \theta_{n-1p_{n-1}(i)_N}, \theta_{np_n(i)_N}\} \tag{3-19}$$

根据公式（3-13）、（3-18）可知：

$$\theta_i + \xi_1 + \cdots + \xi_j + \cdots + \xi_n = \theta_{1p_1(i)_N} + \theta_{2p_2(i)_N} + \cdots + \theta_{n-1p_{n-1}(i)_N} + \theta_{np_n(i)_N}$$

$$(3\text{-}20)$$

同理，$G(s)_N$ 在前向通道选为 $(g_{ij}(\theta))_{\min}$ 时，对应 $G(s)_N$ 每行时滞记作：

$$\{\theta_{1p_1(\min)_N}, \theta_{2p_2(\min)_N}, \cdots, \theta_{n-1p_{n-1}(\min)_N}, \theta_{np_n(\min)_N}\} \qquad (3\text{-}21)$$

根据公式（3-12）、（3-18）可知：

$$\theta_{\min} + \xi_1 + \cdots + \xi_j + \cdots + \xi_n = \theta_{1p_1(\min)_N} + \theta_{2p_2(\min)_N} + \cdots + \theta_{n-1p_{n-1}(\min)_N} + \theta_{np_n(\min)_N}$$

$$(3\text{-}22)$$

又 $\because G(s)_N$ 已满足时滞可实现条件，

$\therefore (g_{ij}(\theta))_i$ 各元素的时滞为 $G(s)_N$ 对应行的最小时滞，则满足：

$$\begin{cases} \theta_{1p_1(i)_N} \leqslant \theta_{1p_1(\min)_N} \\ \qquad \vdots \\ \theta_{ip_i(i)_N} \leqslant \theta_{ip_i(\min)_N} \\ \qquad \vdots \\ \theta_{np_n(i)_N} \leqslant \theta_{np_n(\min)_N} \end{cases} \qquad (3\text{-}23)$$

从而：

$$\theta_{1p_1(i)_N} + \theta_{2p_2(i)_N} + \cdots + \theta_{np_n(i)_N} \leqslant \theta_{1p_1(\min)_N} + \theta_{2p_2(\min)_N} + \cdots + \theta_{np_n(\min)_N}$$

$$(3\text{-}24)$$

即：

$$\theta_i \leqslant \theta_{\min} \qquad (3\text{-}25)$$

与假设 $\theta_i > \theta_{\min}$ 矛盾，故假设不成立。

因此，$G(s)$ 时滞可实现补偿的必要条件：前向通道的选取只能在 $\theta_{\min}$ 对应的选择中选取。

证明完毕。

2）相对阶可实现补偿必要条件

相对阶的分析过程与时滞分析过程类同，详细分析过程略，只给出相对阶补偿矩阵设计公式和结论。

相对阶补偿矩阵的设计如下[56]：

$$N_r = diag\left(\frac{1}{(s+\alpha_1)^{r_1}}, \cdots, \frac{1}{(s+\alpha_i)^{r_i}}, \cdots, \frac{1}{(s+\alpha_n)^{r_n}}\right) \quad 1 \leqslant i \leqslant n$$

$$(3\text{-}26)$$

其中：r_i 对应第 i 列补偿阶次，α_i 非负数。

根据公式（3-3）、（3-26）可知，相对阶补偿后 $G_N(s)$ 对应前向通道各元素的相对阶次 $\{r_{1p_{1_N}}, r_{2p_{2_N}}, \cdots, r_{n-1p_{n-1_N}}, r_{np_{n_N}}\}$，$G_N(s)$ 相对阶可实现判据为：

$$r_{ip_{i_N}} \leqslant r_{ij_N} \qquad \forall i,j = \{1,2,\cdots,n\} \qquad (3\text{-}27)$$

结论　$G(s)$ 相对阶可实现补偿必要条件:前向通道的选取只能在 $r_{\min}$ 对应的选择中选取。

$r_{\min}$ 为前向通道 $n!$ 种选择中前向通道各元素 g_{ij} 相对阶之和的最小值。

3)非最小相位可实现补偿必要条件

非最小相位可实现判定:

对象 $G_N(s)$ 的前向通道各元素 $\{g_{1p_{1_N}},\cdots,g_{ip_{i_N}},\cdots,g_{np_{n_N}}\}$ 均不含有最小相位。

非最小相位无法合适补偿,因此对含有非最小相位的被控对象,非最小相位可实现补偿必要条件是选择不含最小相位的前向通道。

4)小结

前向通道的选取对被控对象的可实现补偿起关键作用,一个被控对象可实现补偿的必要条件是前向通道选取必须同时满足以下条件:前向通道的各个元素不能包含最小相位,并且它们的时滞之和最小、阶次之和最低。

3.2.2　时滞补偿矩阵规范设计

在可实现补偿矩阵的设计中,时滞补偿矩阵设计与相对阶补偿矩阵设计相比,更普遍且更难。Juan Garrido[56]把时滞补偿实现归结为一个复杂的带约束的线性规划问题,但没有给出一个设计准则,这种方案对复杂对象可操作性很差。本节以时滞补偿矩阵设计为例,选定前向通道 $(g_{ij}(\theta))_{\min}$,提出一种逆解耦时滞补偿矩阵规范设计准则,这种方案简单实用。

时滞补偿矩阵规范设计步骤如下:

1)行列调整

对于给定 $n \times n$ 阶被控对象 $G(s)$,选定前向通道 $(g_{ij}(\theta))_{\min}$,为方便时滞补偿,通过初等矩阵 I_{ij},将被控对象 $G(s)$ 进行列初等变换:

$$G_0(s) = G(s)I_{ij} \qquad (3\text{-}28)$$

$G_0(s)$ 的主对角元素为前向通道 $(g_{ij}(\theta))_{\min}$ 对应行元素。

2)$G_0(s)$ 前 $n-1$ 行时滞补偿

获取 $G_0(s)$ 各元素的时滞信息矩阵 θ_0:

$$\theta_0 = \begin{bmatrix} \theta_{11_0} & \theta_{12_0} & \cdots & \theta_{1n_0} \\ \theta_{21_0} & \theta_{22_0} & \cdots & \theta_{2n_0} \\ \cdots & \cdots & \cdots & \cdots \\ \theta_{n1_0} & \theta_{n2_0} & \cdots & \theta_{nn_0} \end{bmatrix} \quad \theta_{ij_0} \geqslant 0 \qquad (3\text{-}29)$$

从 $G_0(s)$ 的第 1 行到第 $n-1$ 行依次进行时滞补偿，第 i 行补偿后，被控对象时滞信息矩阵为 θ_i。对第 i 行的时滞补偿规则如下：

$$N_{\theta_i} = diag(e^{-\theta_{i1}}, e^{-\theta_{i2}}, \cdots, e^{-\theta_{ij}}, \cdots, e^{-\theta_{im}})$$

$$\theta_{ij} = \begin{cases} 0 & j \leqslant i \\ 0 & \theta_{ij_{i-1}} - \theta_{ii_{i-1}} \geqslant 0 \quad i < j \leqslant n \quad \forall i = \{1,2,\cdots,n-1\} \\ |\theta_{ij_{i-1}} - \theta_{ii_{i-1}}| & \theta_{ij_{i-1}} - \theta_{ii_{i-1}} < 0 \end{cases}$$

(3-30)

$n-1$ 次时滞补偿完成时，总的时滞补偿矩阵 N_1：

$$N_1 = \prod_{i=1}^{n-1} N_{\theta_i}$$

(3-31)

补偿后被控对象 $G_1(s)$：

$$G_1(s) = G_0(s)N_1$$

(3-32)

通过时滞补偿矩阵 N_1 的补偿，$G_1(s)$ 已满足右上角各元素时滞都不小于同行主对角时滞。获取 $G_1(s)$ 时滞信息矩阵 θ_1：

$$\theta_1 = \begin{bmatrix} \theta_{11_1} & \theta_{12_1} & \cdots & \theta_{1n_1} \\ \theta_{21_1} & \theta_{22_1} & \cdots & \theta_{2n_1} \\ \cdots & \cdots & \cdots & \cdots \\ \theta_{n1_1} & \theta_{n2_1} & \cdots & \theta_{nn_1} \end{bmatrix} \quad \theta_{ij_1} \geqslant 0$$

(3-33)

考察 $G_1(s)$ 的主对角时滞 θ_{ii_1} 是否满足逆解耦时滞可实现判据：

$$\theta_{ii_1} \leqslant \theta_{ij_1} \quad \forall i,j = \{1,2,\cdots,n\}$$

(3-34)

若满足，补偿结束，获取时滞补偿矩阵；否则，依次对 $G_1(s)$ 主对角所在列进行时滞补偿。

3）主对角时滞补偿

对新控制对象主对角时滞补偿步骤如下，

第 1 列时滞补偿：

获取被控对象第 1 行时滞信息：

$$\{\theta_{11}, \theta_{12}, \cdots, \theta_{1n-1}, \theta_{1n}\}$$

(3-35)

对第 1 列进行时滞补偿 N_{θ_1}：

$$N_{\theta_1} = diag(e^{-\theta_1}, e^0, \cdots, e^0, \cdots, e^0, e^0)$$
$$\theta_{\min} = \min\{\theta_{12}, \cdots, \theta_{1n-1}, \theta_{1n}\}$$
$$\theta_1 = \begin{cases} 0 & \theta_{\min} \leqslant \theta_{11} \\ \theta_{\min} - \theta_{11} & \theta_{\min} > \theta_{11} \end{cases}$$

(3-36)

对 N_{θ_1} 补偿后的新对象，判定是否满足逆解耦时滞可实现判据，若满足，补偿结束，获取时滞补偿矩阵；否则，对补偿后新对象的第 2 列进行时滞补偿。

第 2 列时滞补偿：

获取被控对象第 2 行时滞信息：

$$\{\theta_{21},\theta_{22},\cdots,\theta_{2n-1},\theta_{2n}\} \tag{3-37}$$

对第 2 列进行时滞补偿 N_{θ_2}：

$$N_{\theta_2} = diag(e^0,e^{-\theta_2},\cdots,e^0,\cdots,e^0,e^0)$$

$$\theta_{min} = \min\{\theta_{21},\cdots,\theta_{2n-1},\theta_{2n}\}$$

$$\theta_2 = \begin{cases} 0 & \theta_{min} \leqslant \theta_{22} \\ \theta_{min} - \theta_{22} & \theta_{min} > \theta_{22} \end{cases} \tag{3-38}$$

对 N_{θ_2} 补偿后的新对象，判定是否满足逆解耦时滞可实现判据，若满足，补偿结束，获取时滞补偿矩阵；否则，对补偿后的新对象第 3 列进行时滞补偿。依此类推，可完成第 3 列到第 $n-2$ 列时滞补偿。

第 $n-1$ 列时滞补偿：

获取被控对象第 $n-1$ 行时滞信息：

$$\{\theta_{n-11},\theta_{n-12},\cdots,\theta_{n-1n-1},\theta_{n-1n}\} \tag{3-39}$$

对第 $n-1$ 列进行时滞补偿 $N_{\theta_{n-1}}$：

$$N_{\theta_{n-1}} = diag(e^0,e^0,\cdots,e^0,\cdots,e^{-\theta_{n-1}},e^0)$$

$$\theta_{min} = \min\{\theta_{n-11},\cdots,\theta_{n-1n-2},\theta_{n-1n}\}$$

$$\theta_{n-1} = \begin{cases} 0 & \theta_{min} \leqslant \theta_{n-1n-1} \\ \theta_{min} - \theta_{n-1n-1} & \theta_{min} > \theta_{n-1n-1} \end{cases} \tag{3-40}$$

因此，$n-1$ 次列时滞补偿 N_θ 为：

$$N_\theta = \prod_{i=1}^{n-1} N_{\theta_i} = diag(e^{-\theta_1},e^{-\theta_2},\cdots,e^{-\theta_j},\cdots,e^{-\theta_{n-1}},e^0) \tag{3-41}$$

对补偿后被控对象，判定是否满足逆解耦可实现判据公式(3-15)，若满足，补偿结束，获取时滞补偿 N_θ；否则，判定 N_θ 是否是单位矩阵，若不是，补偿后的控制对象再循环执行上面的 $n-1$ 次列时滞补偿；若 N_θ 是单位矩阵，则时滞补偿结束，对于给定 $n \times n$ 阶被控对象 $G(s)$ 无法设计出可实现的时滞补偿矩阵，逆解耦的方法已经失效。

3.2.3 基于 Pade 近似逆解耦矩阵设计

对于一些复杂控制对象，由于无法设计出可实现的时滞补偿矩阵，标准逆解耦器矩阵已无法设计，本节针对时滞无法补偿的一大类对象，基于 Pade 近似的方法做合理的逼近处理，提出一种近似逆解耦矩阵设计方法。

基于 Pade 近似逆解耦矩阵设计步骤：

① 选择合适的前向通道(一般选取被控对象主对角元素或者时滞和最小的前向通道);

② 对选定的前向通道按照 3.2.2 时滞补偿矩阵规范设计步骤进行时滞补偿矩阵设计;

③ 对 $G_N(s)$ 中不满足公式(3-15)的元素,定义一个集合 ψ:

$$\psi = \{\theta_{ij_N} \mid \theta_{ij_N} < \theta_{ii_N}\} \quad \forall i = \{1,2,\cdots,n\} \text{且} j < i \qquad (3-42)$$

基于 Pade 近似,对 θ_{ij_N} 和 θ_{ii_N} 用下面公式近似替代:

$$\begin{cases} e^{-\theta_{ij_N}s} \approx \dfrac{1}{\theta_{ij_N}s+1} \\[2mm] e^{-\theta_{ii_N}s} \approx \dfrac{1}{\theta_{ii_N}s+1} \end{cases} \qquad (3-43)$$

④ 选取 $G_N(s)$ 的主对角 $\{g_{11_N},\cdots,g_{ii_N},\cdots,g_{mn_N}\}$ 为解耦目标矩阵 $Q(s)$;

⑤ 根据公式(3-1)设计近似逆解耦控制矩阵。

3.3　逆解耦控制器设计实例

研究 4×4 化工 Alatiqi case1(A1) 对象:

$G(s) =$

$$\begin{bmatrix} \dfrac{2.22e^{-2.5s}}{(36s+1)(25s+1)} & \dfrac{-2.94(7.9s+1)e^{-0.05s}}{(23.7s+1)^2} & \dfrac{0.017e^{-0.2s}}{(31.6s+1)(7s+1)} & \dfrac{-0.64e^{-20s}}{(29s+1)^2} \\[3mm] \dfrac{-2.33e^{-5s}}{(35s+1)^2} & \dfrac{3.46e^{-1.01s}}{32s+1} & \dfrac{-0.51e^{-7.5s}}{(32s+1)^2} & \dfrac{1.68e^{-2s}}{(28s+1)^2} \\[3mm] \dfrac{-1.06e^{-22s}}{(17s+1)^2} & \dfrac{3.511e^{-13s}}{(12s+1)^2} & \dfrac{4.41e^{-1.101s}}{16.2s+1} & \dfrac{-5.38e^{-0.5s}}{17s+1} \\[3mm] \dfrac{-5.73e^{-2.5s}}{(8s+1)(50s+1)} & \dfrac{4.32(25s+1)e^{-0.01s}}{(50s+s)(5s+1)} & \dfrac{-1.25e^{-2.8s}}{(43.6s+1)(9s+1)} & \dfrac{4.78e^{-1.15s}}{(48s+1)(5s+1)} \end{bmatrix}$$

$$(3-44)$$

以复杂对象 $G(s)$ 为例,进行逆解耦控制器的规范设计。

3.3.1　时滞补偿矩阵规范设计

1) 前向通道选择

被控对象 $G(s)$ 为 4×4 矩阵,根据被控对象时滞可实现的必要条件,前向通道选取只能选对应被控对象不同行列且时滞和最小的组合。对 $G(s)$ 的 24 种可选前向通道中,只有 $G(s)$ 的不同行列选取为 $\{g_{13},g_{22},g_{34},g_{41}\}$ 这一种方案满足要求,因此,选定 $\{g_{13},g_{22},g_{34},g_{41}\}$ 为 $G(s)$ 的前向通道。

2）行列调整

对于给定 $n \times n$ 阶被控对象 $G(s)$，根据选定的前向通道 $\{g_{13}, g_{22}, g_{34}, g_{41}\}$，设计初等列变换矩阵 I_{ij}：

$$I_{ij} = \begin{bmatrix} & & & 1 \\ & & 1 & \\ & 1 & & \\ & & & 1 \end{bmatrix} \tag{3-45}$$

通过初等列变换矩阵 I_{ij}，对被控对象 $G(s)$ 进行初等列，调整 $G(s)$ 元素 $\{g_{13}, g_{22}, g_{34}, g_{41}\}$ 为新对象 $G_0(s)$ 的主对角元素：

$G_0(s) = G(s)I_{ij} =$

$$\begin{bmatrix} \dfrac{0.017e^{-0.2s}}{(31.6s+1)(7s+1)} & \dfrac{-2.94(7.9s+1)e^{-0.05s}}{(23.7s+1)^2} & \dfrac{-0.64e^{-20s}}{(29s+1)^2} & \dfrac{2.22e^{-2.5s}}{(36s+1)(25s+1)} \\[3mm] \dfrac{-0.51e^{-7.5s}}{(32s+1)^2} & \dfrac{3.46e^{-1.01s}}{32s+1} & \dfrac{1.68e^{-2s}}{(28s+1)^2} & \dfrac{-2.33e^{-5s}}{(35s+1)^2} \\[3mm] \dfrac{4.41e^{-1.101s}}{16.2s+1} & \dfrac{3.511e^{-13s}}{(12s+1)^2} & \dfrac{-5.38e^{-0.5s}}{17s+1} & \dfrac{-1.06e^{-22s}}{(17s+1)^2} \\[3mm] \dfrac{-1.25e^{-2.8s}}{(43.6s+1)(9s+1)} & \dfrac{4.32(25s+1)e^{-0.01s}}{(50s+s)(5s+1)} & \dfrac{4.78e^{-1.15s}}{(48s+1)(5s+1)} & \dfrac{-5.73e^{-2.5s}}{(8s+1)(50s+1)} \end{bmatrix} \tag{3-46}$$

3）$G_0(s)$ 前 $n-1$ 行时滞补偿

获取 $G_0(s)$ 各元素的时滞信息矩阵 θ_0：

$$\theta_0 = \begin{bmatrix} 0.2 & 0.05 & 20 & 2.5 \\ 7.5 & 1.01 & 2 & 5 \\ 1.101 & 13 & 0.5 & 22 \\ 2.8 & 0.01 & 1.15 & 2.5 \end{bmatrix} \tag{3-47}$$

从 $G_0(s)$ 的第1行到第3行依次进行时滞补偿，时滞补偿矩阵 N_{θ_1}，N_{θ_2}，N_{θ_3}，定义前3行时滞补偿矩阵 N_1：

$$N_1 = N_{\theta_1} N_{\theta_2} N_{\theta_3} = diag(e^0, e^{-0.15s}, e^0, e^0) \tag{3-48}$$

补偿后被控对象 $G_1(s)$：

$$G_1(s) = G_0(s)N_1 \tag{3-49}$$

通过时滞补偿矩阵 N_1 的补偿，$G_1(s)$ 已满足右上角各元素时滞都不小于同行主对角时滞。获取 $G_1(s)$ 时滞矩阵：

$$\theta_1 = \begin{bmatrix} 0.2 & 0.2 & 20 & 2.5 \\ 7.5 & 1.16 & 2 & 5 \\ 1.101 & 13.15 & 0.5 & 22 \\ 2.8 & 0.16 & 1.15 & 2.5 \end{bmatrix} \tag{3-50}$$

考察 $G_1(s)$ 的主对角时滞：

$$\theta_{44} > \theta_{43}, \theta_{44} > \theta_{42} \tag{3-51}$$

不满足时滞可实现判据，需要依次对 $G_1(s)$ 主对角所在列进行时滞补偿。

4）主对角时滞补偿

对 $G_1(s)$ 主对角时滞补偿步骤如下：

① 第一次列循环补偿：

获取 $G_1(s)$ 第 1 行时滞信息：

$$\{0.2, 0.2, 20, 2.5\} \tag{3-52}$$

按公式（3-36）对第 1 列进行时滞补偿 N_{θ_1}：

$$N_{\theta_1} = diag(e^0, e^0, e^0, e^0) \tag{3-53}$$

获取 $G_1(s)N_{\theta_1}$ 第 2 行时滞信息：

$$\{7.5, 1.16, 2, 5\} \tag{3-54}$$

按公式（3-38）对第 2 列进行时滞补偿 N_{θ_2}：

$$N_{\theta_2} = diag(e^0, e^{-0.84s}, e^0, e^0) \tag{3-55}$$

获取 $G_1(s)N_{\theta_1}N_{\theta_2}$ 第 3 行时滞信息：

$$\{1.101, 13.99, 0.5, 22\} \tag{3-56}$$

对第 3 列进行时滞补偿 N_{θ_3}：

$$N_{\theta_3} = diag(e^0, e^0, e^{-0.601s}, e^0) \tag{3-57}$$

1、2 和 3 列的时滞补偿矩阵为 N_2：

$$N_2 = N_{\theta_1} N_{\theta_2} N_{\theta_3} = diag(e^0, e^{-0.84s}, e^{-0.601s}, e^0) \tag{3-58}$$

$G_1(s)$ 通过 N_2 时滞补偿后为 $G_2(s)$，$G_2(s)$ 的时滞信息矩阵 θ_2：

$$\theta_2 = \begin{bmatrix} 0.2 & 1.04 & 20.601 & 2.5 \\ 7.5 & 2 & 2.601 & 5 \\ 1.101 & 13.99 & 1.101 & 22 \\ 2.8 & 1 & 1.7501 & 2.5 \end{bmatrix} \tag{3-59}$$

考察 θ_2 的主对角时滞：

$$\theta_{44} > \theta_{43}, \theta_{44} > \theta_{42} \tag{3-60}$$

不满足时滞可实现条件，且 $N_2 \neq E$，需要依次对 $G_2(s)$ 主对角所在列进行时滞补偿。

② 第二次列循环补偿：

对 $G_2(s)$ 第 1、2 和 3 列时滞补偿为 N_3，补偿后控制对象为 $G_3(s)$：

$$N_3 = N_{\theta_1} N_{\theta_2} N_{\theta_3} = diag(e^{-0.84s}, e^{-0.601s}, e^{-0.84s}, e^0)$$

$$G_3(s) = G_2(s)N_3 \tag{3-61}$$

③ 第三次列循环补偿：

对 $G_3(s)$ 第 1、2 和 3 列时滞补偿为 N_4，补偿后控制对象为 $G_4(s)$：

$$N_4 = N_{\theta_1} N_{\theta_2} N_{\theta_3} = diag(e^{-0.601s}, e^{-0.84s}, e^{-0.601s}, e^0)$$
$$G_4(s) = G_3(s)N_4 \tag{3-62}$$

④ 第四次列循环补偿：

获取 $G_4(s)$ 第 1 行时滞信息：

$$\{1.641, 2.481, 22.042, 2.5\} \tag{3-63}$$

按公式(3-36)对第 1 列进行时滞补偿 N_{θ_1}：

$$N_{\theta_1} = diag(e^{-0.84s}, e^0, e^0, e^0) \tag{3-64}$$

获取 $G_4(s)N_{\theta_1}$ 第 2 行时滞信息：

$$\{9.781, 3.441, 4.042, 5\} \tag{3-65}$$

对第 2 列进行时滞补偿 N_{θ_2}：

$$N_{\theta_2} = diag(e^0, e^{-0.601s}, e^0, e^0) \tag{3-66}$$

对 $G_4(s)$ 第 1、2 列时滞补偿为 N_5，补偿后控制对象为 $G_5(s)$，$G_5(s)$ 的时滞信息矩阵 θ_5：

$$N_5 = N_{\theta_1} N_{\theta_2} = diag(e^{-0.84s}, e^{-0.601s}, e^0, e^0)$$
$$G_5(s) = G_4(s)N_5$$

$$\theta_5 = \begin{bmatrix} 2.481 & 3.082 & 22.042 & 2.5 \\ 9.781 & 4.042 & 4.042 & 5 \\ 3.382 & 16.032 & 2.542 & 22 \\ 5.081 & 3.042 & 3.192 & 2.5 \end{bmatrix} \tag{3-67}$$

θ_5 已满足时滞可实现判据公式(3-15)。对复杂对象 $G(s)$ 时滞规范补偿已完成。

5）总结

整理上面过程，可得 $G(s)$ 的全部补偿矩阵如下：

初等列变换矩阵 I_{ij}，时滞补偿矩阵 N_θ，补偿后的控制对象 $G_{N_\theta}(s)$

$$N_\theta = N_1 N_2 N_3 N_4 N_5 = diag(e^{-2.281s}, e^{-3.032s}, e^{-2.042s}, e^0)$$

$$G_{N_\theta}(s) = G(s)I_{ij}N =$$

$$\begin{bmatrix} \dfrac{0.017e^{-2.481s}}{(31.6s+1)(7s+1)} & \dfrac{-2.94(7.9s+1)e^{-3.082s}}{(23.7s+1)^2} & \dfrac{-0.64e^{-22.042s}}{(29s+1)^2} & \dfrac{2.22e^{-2.5s}}{(36s+1)(25s+1)} \\ \dfrac{-0.51e^{-9.781s}}{(32s+1)^2} & \dfrac{3.46e^{-4.042s}}{32s+1} & \dfrac{1.68e^{-4.042s}}{(28s+1)^2} & \dfrac{-2.33e^{-5s}}{(35s+1)^2} \\ \dfrac{4.41e^{-3.382s}}{16.2s+1} & \dfrac{3.511e^{-16.032s}}{(12s+1)^2} & \dfrac{-5.38e^{-2.542s}}{17s+1} & \dfrac{-1.06e^{-22s}}{(17s+1)^2} \\ \dfrac{-1.25e^{-5.081s}}{(43.6s+1)(9s+1)} & \dfrac{4.32(25s+1)e^{-3.042s}}{(50s+s)(5s+1)} & \dfrac{4.78e^{-3.192s}}{(48s+1)(5s+1)} & \dfrac{-5.73e^{-2.5s}}{(8s+1)(50s+1)} \end{bmatrix}$$

$$\tag{3-68}$$

3.3.2　　相对阶补偿矩阵设计

考察 $G_{N_\theta}(s)$ 知：

$$r_{12} = 1 < r_{11} = 2 \tag{3-69}$$

不满足相对阶可实现判据公式(3-27)，设计相对阶补偿矩阵 N_r：

$$N_r = diag\left(1, \frac{1}{7.9s+1}, 1, 1\right) \tag{3-70}$$

3.3.3　　可实现补偿矩阵判定

补偿矩阵 N：

$$N = I_{ij}N_\theta N_r \tag{3-71}$$

$G(s)$ 经过 I_{ij}, N_θ, N_r 补偿以后变为 $G_N(s)$：

$$
\begin{aligned}
G_N(s) &= G(s)N \\
&= \begin{bmatrix}
\dfrac{0.017e^{-2.481s}}{(31.6s+1)(7s+1)} & \dfrac{-2.94e^{-3.082s}}{(23.7s+1)^2} & \dfrac{-0.64e^{-22.042s}}{(29s+1)^2} & \dfrac{2.22e^{-2.5s}}{(36s+1)(25s+1)} \\[3mm]
\dfrac{-0.51e^{-9.781s}}{(32s+1)^2} & \dfrac{3.46e^{-4.042s}}{(7.9s+1)(32s+1)} & \dfrac{1.68e^{-4.042s}}{(28s+1)^2} & \dfrac{-2.33e^{-5s}}{(35s+1)^2} \\[3mm]
\dfrac{4.41e^{-3.382s}}{16.2s+1} & \dfrac{3.511e^{-16.032s}}{(7.9s+1)(12s+1)^2} & \dfrac{-5.38e^{-2.542s}}{17s+1} & \dfrac{-1.06e^{-22s}}{(17s+1)^2} \\[3mm]
\dfrac{-1.25e^{-5.081s}}{(43.6s+1)(9s+1)} & \dfrac{4.32(25s+1)e^{-3.042s}}{(7.9s+1)(50s+s)(5s+1)} & \dfrac{4.78e^{-3.192s}}{(48s+1)(5s+1)} & \dfrac{-5.73e^{-2.5s}}{(8s+1)(50s+1)}
\end{bmatrix}
\end{aligned}
\tag{3-72}
$$

1）非最小相位可实现判定

考察对象 $G_N(s)$ 的主对角元素 $\{g_{11_N}, \cdots, g_{ii_N}, \cdots, g_{mn_N}\}$：

$$
\begin{cases}
g_{11_N} = \dfrac{0.017e^{-2.481s}}{(31.6s+1)(7s+1)} \\[3mm]
g_{22_N} = \dfrac{3.46e^{-4.042s}}{(7.9s+1)(32s+1)} \\[3mm]
g_{33_N} = \dfrac{-5.38e^{-2.542s}}{17s+1} \\[3mm]
g_{44_N} = \dfrac{-5.73e^{-2.5s}}{(8s+1)(50s+1)}
\end{cases}
\tag{3-73}
$$

$\{g_{11_N}, \cdots, g_{ii_N}, \cdots, g_{mn_N}\}$ 均不含非最小相位，$G_N(s)$ 满足非最小相位可实现性。

2）时滞可实现判定

考察对象 $G_N(s)$ 的主对角元素时滞 $\{\theta_{11_N}, \cdots, \theta_{ii_N}, \cdots, \theta_{mn_N}\}$，满足时滞

可实现判据公式(3-15)。

3) 相对阶可实现判定

考察对象 $G_N(s)$ 的主对角元素相对阶 $\{r_{11_N}, \cdots, r_{ii_N}, \cdots, r_{nn_N}\}$,已满足相对阶可实现判据公式(3-27)。

3.3.4 逆解耦矩阵设计

1) 解耦目标函数设计

取 $G_N(s)$ 的主对角各元素为解耦目标函数 $Q_N(s)$:

$$Q_N(s) =$$
$$diag\left(\frac{0.017e^{-2.481s}}{(31.6s+1)(7s+1)}, \frac{3.46e^{-4.042s}}{(7.9s+1)(32s+1)}, \frac{-5.38e^{-2.542s}}{17s+1}, \frac{-5.73e^{-2.5s}}{(8s+1)(50s+1)}\right)$$

$$(3-74)$$

2) 逆解耦矩阵设计

根据公式(3-1)设计物理可实现逆解耦矩阵:

$$Dd(s) = I$$

$$D_0(s) =$$
$$\begin{bmatrix} 0 & \frac{2.94(31.6s+1)(7s+1)e^{-0.601s}}{0.017(23.7s+1)^2} & \frac{0.64(31.6s+1)(7s+1)e^{-19.561s}}{0.017(29s+1)^2} & \frac{-2.22(31.6s+1)(7s+1)e^{-0.019s}}{0.017(36s+1)(25s+1)} \\ \frac{0.51(7.9s+1)e^{-5.739s}}{3.46(32s+1)} & 0 & \frac{-1.68(7.9s+1)(32s+1)}{3.46(28s+1)} & \frac{2.33(7.9s+1)(32s+1)e^{-0.958s}}{3.46(35s+1)} \\ \frac{4.41(17s+1)e^{-0.84s}}{5.38(16.2s+1)} & \frac{3.511(17s+1)e^{-13.49s}}{5.38(7.9s+1)(12s+1)^2} & 0 & \frac{-1.06e^{-19.458s}}{5.38(17s+1)} \\ \frac{-1.25(8s+1)(50s+1)e^{-2.581s}}{5.73(43.6s+1)(9s+1)} & \frac{4.32(8s+1)(25s+1)e^{-0.542s}}{5.73(7.9s+1)(5s+1)} & \frac{4.78(8s+1)(50s+1)e^{-0.492s}}{5.73(48s+1)(5s+1)} & 0 \end{bmatrix}$$

$$(3-75)$$

3.4 本章小结

本章对逆解耦控制器设计进行了研究,分析讨论了前向通道选取对逆解耦矩阵实现性的影响,给出了逆解耦矩阵可实现的必要条件。针对逆解耦矩阵不满足最小相位、时滞和相对阶的可实现条件,提出了一种逆解耦补偿矩阵规范设计准则,并针对不满足时滞可实现条件的一大类控制对象,提出了一种基于 Pade 近似逆解耦矩阵的改进设计方法,并通过一个复杂实例,展示了补偿矩阵规范设计准则的实用性和有效性,拓宽了逆解耦器的应用范围。

4　逆解耦矩阵稳定性分析

　　稳定性是系统的一个重要特性,对系统运动稳定性分析是控制理论的一个重要组成部分。大多数情况下,稳定是控制系统能够正常运行的前提,一个实际系统必须稳定,不稳定系统是不能付诸于工程实施的。通常,系统的运动稳定性分为基于输入输出的外部稳定性(Bounded-Input-Bouned-Output, BIBO)和基于状态空间描述的内部稳定性。

　　现有文献对逆解耦稳定性分析比较少,对逆解耦稳定性分析只局限于稳定的双输入双输出系统。Wade[57]针对矩阵元素为一阶加时滞的双输入双输出被控对象,在给定被控对象满足可实现性的基础上,根据增益和相角的关系讨论标称系统逆解耦矩阵稳定性,并给出被控对象元素的增益和惯性系数满足的一个约束条件,由于约束值的计算非常复杂,Wade 对约束进行简化只得出了一个近似稳定条件。Wade 逆解耦矩阵稳定性分析主要存在以下缺点:

　　① 研究对象只限矩阵元素为一阶或二阶加时滞的模型;
　　② 对时滞为零的被控对象,采用近似计算得到的稳定域误差太大;
　　③ 分析手段复杂,约束值难以精确计算;
　　④ 稳定性分析只适应双输入双输出被控对象,对高维多变量被控对象无法应用。

　　文献[58]对双输入双输出时滞系统进行了研究,分析了逆解耦矩阵的稳定条件,给出了被控对象是否适用逆解耦控制的判定条件。对含有右半平面零点的双输入双输出时滞系统,提出了一种改进的解耦策略,突破逆解耦稳定条件的限制。但其分析范围仅限于 TITO 系统,并没有推广到 MIMO 系统。另外,该方法虽然给出了被控对象是否适用逆解耦控制的判定条件,但并没有给出获取判定条件的数学手段。

　　本章对逆解耦矩阵的稳定性进行了分析,对逆解耦稳定性分析范围由TITO 系统推广到 MIMO 系统,给出 MIMO 系统逆解耦矩阵 BIBO 稳定的充要条件。对无时滞逆解耦矩阵提出判定逆解耦矩阵稳定性的具体数学方案;采用仿真形式给出了时滞逆解耦矩阵的稳定性判定。

逆解耦矩阵稳定是逆解耦方法应用的前提。逆解耦矩阵特性及其品质由其零点和极点决定,逆解耦矩阵的极点个数与被控对象的阶次紧密相关,且随着被控对象阶次增加,使得逆解耦矩阵满足稳定变得更加困难。从系统稳定性角度,为分析逆解耦控制方法的应用范围,有必要分析被控对象阶次和逆解耦矩阵稳定性的联系,本书尝试用 Mente-Carlo 随机方法分析逆解耦矩阵随机稳定性,期望获取多变量系统的阶次与逆解耦矩阵稳定性的分布规律。

4.1 逆解耦矩阵 BIBO 稳定充要条件

给定被控对象 $G(s)$ 为:

$$G(s) = \begin{bmatrix} g_{11} & g_{12} & \cdots & g_{1n} \\ g_{21} & g_{22} & \cdots & g_{2n} \\ \cdots & \cdots & \cdots & \cdots \\ g_{n1} & g_{n2} & \cdots & g_{nn} \end{bmatrix} \tag{4-1}$$

式中,$g_{ij} = k_{ij} g_{\alpha ij}(s) e^{-\theta_{ij} s}$,$k_{ij}$ 是稳态增益实系数,$g_{\alpha ij}(s)$ 是稳定正则的无时滞有理部分,$i, j = 1, 2 \cdots n$。

选择 $G(s)$ 的主对角各元素为解耦目标函数,则逆解耦矩阵 $D(s)$ 为:

$$D(s) = \begin{bmatrix} 1 & \dfrac{g_{12}}{g_{11}} & \cdots & \dfrac{g_{1n}}{g_{11}} \\ \dfrac{g_{21}}{g_{22}} & 1 & \cdots & \dfrac{g_{2n}}{g_{22}} \\ \cdots & \cdots & \cdots & \dfrac{g_{3n}}{g_{33}} \\ \dfrac{g_{n1}}{g_{nn}} & \dfrac{g_{n2}}{g_{nn}} & \cdots & 1 \end{bmatrix}^{-1} \tag{4-2}$$

本节给出逆解耦矩阵 BIBO 稳定充要条件,需要用到如下引理。

定义 BIBO 稳定性[1]

称一个线性因果系统为 BIBO 稳定,如果对任意一个有界输入 $u(t)$,满足条件:

$$\| u(t) \| \leqslant \beta_1 < \infty, \quad \forall t \in [t_0, \infty) \tag{4-3}$$

的一个输入 $u(t)$,对应的输出 $y(t)$ 均为有界,即有:

$$\| y(t) \| \leqslant \beta_2 < \infty, \quad \forall t \in [t_0, \infty) \tag{4-4}$$

引理 线性时不变系统 BIBO 稳定判据[1]

对零初始条件 p 维输入和 q 维输出连续时间线性时不变系统,令初始时刻 $t_0 = 0$,则系统 BIBO 稳定的充要条件为,存在一个有限正常数 β,使脉冲响应矩阵 $H(t)$ 所有元:

$$h_{ij}(t), \quad i = 1, 2, \cdots, q, \quad j = 1, 2, \cdots, p \qquad (4\text{-}5)$$

均满足关系式:

$$\int_0^\infty |h_{ij}(t)| \, \mathrm{d}t \leqslant \beta < \infty \qquad (4\text{-}6)$$

定理 假定被控对象 $G(s)$ 满足非最小相位、阶次和时滞可实现条件,则逆解耦矩阵 BIBO 稳定的充要条件是:所有极点均具有负实部。

证明:

$\because G(s)$ 满足非最小相位、阶次和时滞可实现条件。

$\therefore$ 根据公式(4-2)得到的逆解耦 $D(s)$ 物理可实现,对 $D(s)$ 进行变形,获取其一个不可简约的右 MFD:

$$D(s) = N_1(s) D_1(s)^{-1} \quad N_1(s) \text{ 和 } D_1(s) \text{ 为右互质} \qquad (4\text{-}7)$$

$\because D(s)$ 的特征多项式为 $\det(D_1(s))$,

$\therefore D(s)$ 的极点 $\alpha_l, l = 1, 2, \cdots m$ 为 $\det(D_1(s)) = 0$ 的根,

$\therefore D(s)$ 任一元有理分式都可展开为:

$$\frac{\beta_l}{(s - \alpha_l)^{\eta_i}}, \quad l = 1, 2, \cdots m, \quad \eta_i \in Z \qquad (4\text{-}8)$$

其中,β_l 为零或非零常数,η_i 为极点 α_l 的阶次。

对式(4-8)进行拉普拉斯反变换,则脉冲响应函数为 $H(t)$ 所有元 $h_{ij}(t)$:

$$h_{ij}(t) = \begin{cases} \beta_i \delta(t) & \eta_i = 0 \\ \dfrac{\beta_l}{(\eta_i - 1)!} t^{\eta_i - 1} e^{\alpha_l t} & \eta_i \in N \end{cases} \quad \forall i, j = 1, 2, \cdots, n \qquad (4\text{-}9)$$

当且仅当极点 $\alpha_l, l = 1, 2, \cdots m$ 均具有负实部,公式(4-9)为绝对可积。根据线性时不变系统 BIBO 稳定判据引理可知,逆解耦矩阵 BIBO 稳定。

证明完毕。

4.1.1 无时滞逆解耦矩阵 BIBO 稳定性判据

逆解耦矩阵在复频域内的结构特性是由其极点和零点来加以描述的,逆解耦矩阵的稳定与否唯一地由逆解耦矩阵的极点分布所决定。因此对逆解耦矩阵极点和零点的研究,对分析逆解耦控制系统的性能至关重要。多变量系统的极点和零点可采用多种方式进行定义:罗森布罗克通过求取传递函数矩阵的史密斯－麦克米伦形,来获取传递函数矩阵在有限复平面上的

极点和零点。史密斯－麦克米伦形为定义和分析线性系统传递函数的极点和零点提供了重要的概念和理论性工具，史密斯－麦克米伦形尽管形式简单、直观且易于理解，但获取比较困难，对给定被控对象的极点和零点计算上非常不方便。传递函数矩阵的矩阵分式描述（Matrix-Fraction Description, MFD）是复频域理论中表征线性时不变系统输入输出关系的一种基本模型。矩阵分式描述（MFD）实质上是把有理分式矩阵形式的传递函数矩阵 $G(s)$ 表示为两个多项式矩阵之"比"。矩阵分式描述（MFD）形式上是对标量有理分式传递函数 $g(s)$ 的一种自然推广。传递函数矩阵的矩阵分式也可以获取多变量系统的极点和零点，相比史密斯－麦克米伦形，基于多项式矩阵理论的矩阵分式描述方法对线性时不变系统的复频域分析更为简便和实用。本节采用更为简单的矩阵分式描述（MFD）的数学工具给出了判定逆解耦矩阵的 BIBO 稳定性判据。

1）基于 MFD 无时滞逆解耦矩阵 BIBO 稳定性判据

逆解耦矩阵 BIBO 稳定性判据：

① 由给定被控对象 $G(s)$，根据公式（4-2），获取逆解耦矩阵 $D(s)$；

② 对 $D(s)$ 进行变形，获取其一个不可简约的右 MFD：

$$D(s) = N_1(s)D_1(s)^{-1} \quad N_1(s) \text{ 和 } D_1(s) \text{ 为右互质} \quad (4\text{-}10)$$

③ $D(s)$ 的特征多项式为：

$$\det(D_1(s)) = 0 \quad (4\text{-}11)$$

④ 利用程序求取 $D(s)$ 的极点，或者对 $D(s)$ 的特征多项式中的系数（系数由给定被控对象决定），采用劳斯－霍尔维茨（Routh-Hurwitz）判据直接判定；

⑤ 根据判定结果，获得 $D(s)$ 极点分布位置来判定无时滞逆解耦矩阵稳定性。

2）基于 MFD 无时滞逆解耦矩阵 BIBO 稳定性判定实例

① 考察 3×3 化工过程 $G(s)$：

$$G(s) = \begin{bmatrix} \dfrac{1.986}{66.7s+1} & \dfrac{-5.24}{400s+1} & \dfrac{-5.984}{14.29s+1} \\ \dfrac{-0.0204}{(7.14s+1)^2} & \dfrac{0.33}{(2.38s+1)^2} & \dfrac{-2.38}{(1.43s+1)^2} \\ \dfrac{-0.374}{22.22s+1} & \dfrac{11.3}{(21.74s+1)^2} & \dfrac{9.811}{11.36s+1} \end{bmatrix} \quad (4\text{-}12)$$

$G(s)$ 满足可实现条件，依据公式（4-2），获取逆解耦矩阵 $D(s)$：

$$D(s) =$$

$$\begin{bmatrix} 1 & \dfrac{-5.24}{1.986}\dfrac{66.7s+1}{400s+1} & \dfrac{-5.984}{1.986}\dfrac{66.7s+1}{14.29s+1} \\[3mm] \dfrac{-0.0204}{0.33}\dfrac{(2.38s+1)^2}{(7.14s+1)^2} & 1 & \dfrac{-2.38}{0.33}\dfrac{(2.38s+1)^2}{(1.43s+1)^2} \\[3mm] \dfrac{-0.374}{9.811}\dfrac{11.36s+1}{22.22s+1} & \dfrac{11.3}{9.811}\dfrac{11.36s+1}{(21.74s+1)^2} & 1 \end{bmatrix}^{-1}$$

$$(4-13)$$

求取 $D(s)$ 一个不可简约的右 MFD：

$$D(s) = N_1(s)D_1(s)^{-1}$$

$$= \begin{bmatrix} (7.14s+1)^2(22.22s+1) & 0 & 0 \\ 0 & (21.74s+1)^2(400s+1) & 0 \\ 0 & 0 & (1.43s+1)^2(14.29s+1) \end{bmatrix}$$

$$\begin{bmatrix} (7.14s+1)^2(22.22s+1) & \dfrac{-5.24}{1.986}(21.74s+1)^2(66.7s+1) & \dfrac{-5.984}{1.986}(1.43s+1)^2(66.7s+1) \\[3mm] \dfrac{-0.0204}{0.33}(2.38s+1)^2(22.22s+1) & (21.74s+1)^2(400s+1) & \dfrac{-2.38}{0.33}(2.38s+1)^2(14.29s+1) \\[3mm] \dfrac{-0.374}{9.811}(7.14s+1)^2(11.36s+1) & \dfrac{11.3}{9.811}(11.36s+1)(400s+1) & (1.43s+1)^2(14.29s+1) \end{bmatrix}^{-1}$$

$$(4-14)$$

$D(s)$ 的特征多项式为：

$$\det(D_1(s)) = 0 \qquad (4-15)$$

$D(s)$ 的极点为：

$$-0.00230853$$
$$-0.20579216$$
$$-0.54280594$$
$$-0.09078589$$
$$-0.04500666$$
$$-0.05730108$$
$$-1.84537183$$
$$-0.13263771+0.06749575i$$
$$-0.13263771-0.06749575i \qquad (4-16)$$

逆解耦矩阵 $D(s)$ 的所有极点均具有负实部，$D(s)$ 满足 BIBO 稳定。

② 考察 2×2 被控过程 $G(s)$：

$$G(s) = \begin{bmatrix} \dfrac{2}{s+1} & \dfrac{3}{2s+1} \\[3mm] \dfrac{4}{3s+1} & \dfrac{5}{4s+1} \end{bmatrix} \qquad (4-17)$$

$G(s)$ 满足可实现条件，依据公式(4-2)，获取逆解耦矩阵 $D(s)$：

$$D(s) = \begin{bmatrix} 1 & \dfrac{3}{2}\dfrac{s+1}{2s+1} \\ \dfrac{4}{5}\dfrac{4s+1}{3s+1} & 1 \end{bmatrix}^{-1} \qquad (4\text{-}18)$$

求取 $D(s)$ 一个不可简约的右 MFD：

$$D(s) = N_1(s)D_1(s)^{-1} = \begin{bmatrix} 3s+1 & \\ & 2s+1 \end{bmatrix}\begin{bmatrix} 3s+1 & \dfrac{3}{2}(s+1) \\ \dfrac{4}{5}(4s+1) & 2s+1 \end{bmatrix}^{-1}$$

$$(4\text{-}19)$$

$D(s)$ 的特征多项式为：

$$\det(D_1(s)) = 0$$
$$1.2s^2 - s - 0.2 = 0 \qquad (4\text{-}20)$$

$D(s)$ 的极点为：

$$s_1 = 1, s_2 = -\frac{1}{6}, \qquad (4\text{-}21)$$

逆解耦矩阵 $D(s)$ 的一个极点位于右半平面，$D(s)$ 不满足 BIBO 稳定。

4.1.2　时滞逆解耦矩阵 BIBO 稳定性判定

时滞逆解耦矩阵由于时滞的存在，使得系统变得非常复杂，现有的数学工具无法获得时滞逆解耦矩阵的极点分布，对含时滞的逆解耦矩阵的稳定性分析，本研究从工程实用出发，采用 Matlab 仿真形式加以判定。

1）基于 Matlab 仿真时滞逆解耦矩阵 BIBO 稳定性判定

时滞逆解耦矩阵 $BIBO$ 稳定性判定：

① 由给定被控对象 $G(s)$，根据公式（3-1）、（3-3），获取逆解耦矩阵前向传递函数矩阵 $Dd(s)$ 和反馈传递函数矩阵 $Do(s)$；

② 根据图 3-1 构造逆解耦矩阵 $D(s)$；

③ 令输入 r 为阶跃信号，考察输出 y 是否稳定有界。若稳定有界，则逆解耦矩阵 $D(s)$ 稳定，反之则 $D(s)$ 不稳定。

2）基于 Matlab 仿真时滞逆解耦矩阵 BIBO 稳定性判定实例

① 考察 3×3 化工蒸馏塔过程 $G(s)$：

$$G(s) = \begin{bmatrix} \dfrac{1.986e^{-0.8s}}{66.7s+1} & \dfrac{-5.24e^{-60s}}{400s+1} & \dfrac{-5.984e^{-2.6s}}{14.29s+1} \\[3mm] \dfrac{-0.0204e^{-0.68s}}{(7.14s+1)^2} & \dfrac{0.33e^{-0.68s}}{(2.38s+1)^2} & \dfrac{-2.38e^{-0.68s}}{(1.43s+1)^2} \\[3mm] \dfrac{-0.374e^{-7.84s}}{22.22s+1} & \dfrac{11.3e^{-3.79s}}{(21.74s+1)^2} & \dfrac{9.811e^{-1.85s}}{11.36s+1} \end{bmatrix} \quad (4\text{-}22)$$

依据公式(3-1)、(3-3)获取逆解耦矩阵 $Dd(s)$, $Do(s)$:

$$Dd(s) = I$$

$$do_{12} = \frac{5.24(66.7s+1)e^{-59.2s}}{1.986(400s+1)}$$

$$do_{13} = \frac{5.98(66.7s+1)e^{-1.7s}}{1.986(14.29s+1)}$$

$$do_{21} = \frac{0.0204(2.38s+1)^2}{0.33(7.14s+1)^2}$$

$$do_{23} = \frac{2.38(2.38s+1)^2}{0.33(1.43s+1)^2}$$

$$do_{31} = \frac{0.374(11.36s+1)e^{-5.99s}}{9.811(22.22s+1)}$$

$$do_{32} = \frac{-11.3(11.36s+1)e^{-1.94s}}{9.811(21.74s+1)^2} \quad (4\text{-}23)$$

根据图 3-1 构造逆解耦矩阵,在 0s,500s,1000s 时分别输入三路幅值为 1 的单位阶跃信号,仿真时间为 3500s。图 4-1 为时滞逆解耦矩阵稳定性判定图。

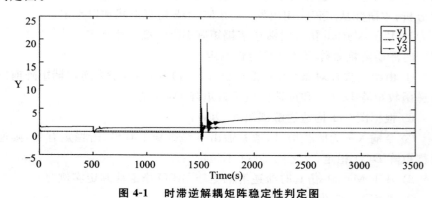

图 4-1　时滞逆解耦矩阵稳定性判定图

从图 4-1 可看出,有界输入 r,对应的三路输出均为稳定有界,则时滞逆解耦矩阵满足 BIBO 稳定。

② 考察 2×2 被控过程 $G(s)$:

$$G(s) = \begin{bmatrix} \dfrac{2}{s+1}e^{-0.8s} & \dfrac{3}{2s+1}e^{-2s} \\[2ex] \dfrac{4}{3s+1}e^{-3.6s} & \dfrac{5}{4s+1}e^{-3s} \end{bmatrix} \tag{4-24}$$

依据公式(3-1)、(3-3)获取逆解耦矩阵 $Dd(s)$，$Do(s)$：

$$Dd(s) = I$$

$$do_{12} = -\frac{3}{2}\frac{s+1}{2s+1}e^{-1.2s}$$

$$do_{21} = -\frac{4}{5}\frac{4s+1}{3s+1}e^{-1.6s} \tag{4-25}$$

根据图 3-1 构造逆解耦矩阵，在 0s，500s 时分别输入两路幅值为 1 的单位阶跃信号，仿真时间为 3500s。图 4-2 为时滞逆解耦矩阵稳定性判定图。

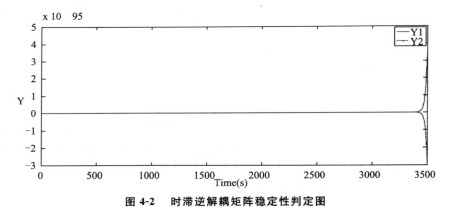

图 4-2　时滞逆解耦矩阵稳定性判定图

从图 4-2 可看出，有界输入 r，对应的两路输出发散，则时滞逆解耦矩阵不满足 BIBO 稳定。

4.2　逆解耦矩阵概率稳定性分析

稳定性是系统的一个基本结构特性，稳定是控制系统能够正常运行的前提，逆解耦矩阵稳定是逆解耦方法应用的前提。逆解耦矩阵稳定的充要条件是逆解耦矩阵所有极点都位于左半平面。随着控制对象阶次的增加，逆解耦矩阵满足稳定会变得越来越困难。为分析逆解耦控制方法的应用范围，本节采用 Mente-Carlo 方法，根据随机事件发生的频率所逐渐稳定的常数，用逆解耦矩阵稳定频率分析估计逆解耦矩阵稳定概率。

1）控制对象构造

控制对象 $G(s)$：

$$G(s) = \begin{bmatrix} g_{11} & g_{12} & \cdots & g_{1n} \\ g_{21} & g_{22} & \cdots & g_{2n} \\ \cdots & \cdots & \cdots & \cdots \\ g_{n1} & g_{n2} & \cdots & g_{nn} \end{bmatrix} \qquad (4\text{-}26)$$

式中，$g_{ij} = \dfrac{k_{ij}}{T_{ij}s + 1}$，$k_{ij}$ 为稳态增益实系数，T_{ij} 为时间常数，多变量的阶次 n 取值范围 $n \in \{2,3,\cdots,9,10\}$。

参数 k_{ii}, k_{ij}, T_{ij} 变化区间为：

$$\begin{cases} k_{ij} \in [-10 \sim 10] \\ k_{ii} \in (0 \sim 10] \\ T_{ij} \in (0 \sim 10] \end{cases} \qquad \forall i,j = \{1,2,\cdots,n\} \qquad (4\text{-}27)$$

通过分析可知，控制对象 $G(s)$ 在参数不同的状态下，阶次 n 与逆解耦矩阵极点个数 λ 满足如下关系：

$$\lambda = n \times (n-1) \qquad (4\text{-}28)$$

2）基于 Mente-Carlo 原理逆解耦矩阵随机稳定性评价

Mente-Carlo 方法是一种随机抽样试验方法，利用服从某种分布的随机数来模拟实际系统中出现的模型参数随机摄动现象。逆解耦矩阵随机稳定性评价步骤如下：

① 确定多变量的阶次 n 依次为 $\{2,3,\cdots,9,10\}$；

② 参数 k_{ii}, k_{ij}, T_{ij} 在公式（4-27）范围内随机取值，构成随机抽样模型；

$$\begin{cases} k_{ii} = 10 * rand \\ k_{ij} = 20 * rand - 10 \\ T_{ij} = 10 * rand \end{cases} \qquad \forall i,j = \{1,2,\cdots,n\} \qquad (4\text{-}29)$$

③ 根据选定阶次及随机产生的参数，依据公式（4-2）构成随机抽样逆解耦矩阵；

④ 依据无时滞逆解耦矩阵 BIBO 稳定性判据，根据公式（4-10）和（4-11）可编程求出随机逆解耦矩阵的极点进行稳定性判定；

⑤ 对每个 n 维逆解耦矩阵，重复进行实验 500 次，得到阶次 n 与逆解耦矩阵随机稳定性分布规律；

⑥ 通过图表分析所得结果，获取多变量系统的阶次与逆解耦矩阵稳定性分布规律。

3）逆解耦矩阵随机稳定性实验

设计 2 阶到 10 阶的多变量控制对象，控制对象参数按照公式（4-27）随机选取,依照逆解耦矩阵随机稳定性评价步骤进行实验,500 次实验所得数据见表 4-1,图 4-3 为采用所得数据绘制成的阶次与逆解耦矩阵稳定频率分布图。

表 4-1   阶次与逆解耦矩阵稳定频率分布表

阶次	2	3	4	5	6	7	8	9	10
稳定次数	448	380	318	272	209	156	120	57	62
稳定概率	89.6%	76. %	63.6%	54.4%	41.8%	31.2%	24%	11.4%	12.4%

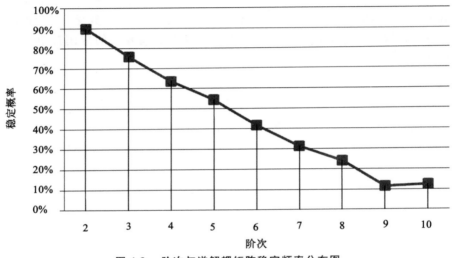

图 4-3   阶次与逆解耦矩阵稳定频率分布图

500 次实验时,稳定频率趋于常数。从所得数据可清晰地看出,随着多变量阶次的增加,逆解耦矩阵的稳定概率依次降低,阶次每增加一维,稳定性概率大致降低 10 个百分点,说明逆解耦方法对阶次较低的多变量系统有较好的适用性。鉴于稳定性在一个系统应用中的重要性,本文的研究结果获取了多变量系统的阶次与逆解耦矩阵概率稳定性的分布规律,能为逆解耦方法的应用提供重要指导意义。本研究结果提示,阶次越低,应用逆解耦矩阵的稳定性概率越高,阶次越高则稳定性概率越差,且呈现明显的线性关系。对于 6 维以上的多变量系统,由于逆解耦矩阵极点的急剧增加,使得不稳定极点出现概率也同步增加,稳定性概率已经降至 40% 以下,极大地限制了逆解耦方法在高维多变量中的应用。

4.3 本章小结

    本章对逆解耦矩阵的稳定性进行分析，给出多变量系统逆解耦矩阵 BIBO 稳定充要条件。对无时滞逆解耦矩阵，采用矩阵分式描述（MFD）的数学工具，提出一种判定逆解耦矩阵稳定性的方案；对含时滞逆解耦矩阵稳定性分析，采用 Matlab 仿真形式进行判定。

    逆解耦矩阵稳定是逆解耦方法应用的前提，随着被控对象阶次增加，逆解耦矩阵满足稳定会变得更困难。为分析逆解耦控制方法的应用范围，采用 Mente-Carlo 随机方法分析逆解耦矩阵概率稳定性，获取了多变量系统的阶次与逆解耦矩阵概率稳定性的分布规律，为逆解耦方法的应用提供指导意义。

5 多输入多输出时滞过程逆解耦控制设计

多输入多输出时滞系统普遍存在于工业过程中,如轧钢控制中板形板厚控制、化工过程中的物料传输、石油冶炼过程中的质量控制和循环流化床的燃烧控制等。基于频域传递函数设计多变量过程的解耦控制方法,是过程控制领域中被广泛采用的研究手段和途径。然而由于多变量过程的各输出通道之间存在交联耦合作用,使得大多数已发展的单变量控制方法很难用于多变量过程,如何实现对高维多变量时滞过程的控制设计是过程控制领域中的研究热点和难点。实践中分散控制和解耦控制是最常采用的两种控制策略。

文献[83]利用卡尔曼启发算法提出一种鲁棒 PID 控制器调整策略,但解耦效果有限。分散控制虽然简单,但所能达到的系统性能指标相对于目前采用解耦控制器的方法要低很多。为了克服分散控制结构的缺点和改善系统性能,解耦控制器结构常常是首选。

静态解耦在实际工程中广泛使用,文献[39]在内模方法基础上,提出了一种基于期望动态的静态解耦方法(J. Lee 方法)。该方法简单实用,但静态解耦器并不能明显改善闭环控制性能,解耦调节能力有限。文献[53][54]提出的解耦控制器矩阵方法,在对高维时滞系统的控制中获得了很大成功,是具有代表性的两种方法。解耦控制器矩阵方法虽然从数学推导上看比较完美,但在实践中依然存在求解运算量大,以及不便于在线调节等问题。文献[84][85]基于相对增益阵列(RNGA)和等效传递函数(Equivalent Transfer Function,ETF),提出一种归一化解耦控制(Normalized Decoupling Control,NDC)设计方案,并将该方法应用于一个温控的高维多变量系统,取得较好控制效果,但计算过于复杂,并不能实现动态解耦效果。事实上,正向动态解耦方案对于高维多变量时滞过程,会以复杂的方式在其各元素的分子和分母中混含有时滞因子,将不可避免地非有理和非正则,难以有效地构造出合适的动态解耦器。

Juan Garrido[56]提出的推广逆解耦方法,已成功应用于几个典型的多变量控制对象,获得了非常好的控制效果,该方法相比正向解耦,避免了矩阵复杂的求逆运算,并且解耦网络阶次更低,解耦效果非常好,可实现动态解耦,在对高维多变量解耦控制中具有显著优势。

本章在前两章的基础上,针对高维多变量控制对象,基于预期动态法给出逆解耦控制方案的完整设计步骤。将逆解耦控制方案应用到高维多变量控制对象上,通过与目前对多变量控制的各种典型方案进行比较,展示和验证了逆解耦方案在高维多变量控制上的优越性。

5.1   问题描述

假设多变量过程已满足可实现性,典型的多变量单位反馈控制结构如图 5-1 所示。

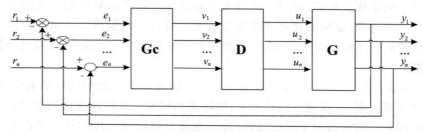

图 5-1   多变量过程逆解耦控制系统

其中:r_i 为设定值输入,y_i 为系统输出,u_i 为控制信号,v_i 控制器输出,e_i 为误差信号,$G(s) = [g_{ij}]_{n \times n}$ 为满足可实现的稳定正则被控对象模型,$D(s) = [d_{ij}]_{n \times n}$ 为逆解耦控制器矩阵,$G_c(s) = diag(c_{11}, c_{22}, \cdots, c_{nn})$ 为控制器矩阵,$i, j = 1, 2 \cdots n$。

5.2   逆解耦方案设计步骤

逆解耦方案设计步骤如下:

① 根据给定被控对象,选择主对角元素为前向通道;

② 依据 3.2.2 进行逆解耦补偿矩阵规范设计;对时滞无法补偿的对象,采用 3.2.3 提出的基于 Pade 近似的逆解耦矩阵设计方法进行设计;

③ 对补偿后的被控对象,进行逆解耦矩阵稳定性分析;

④ 对解耦后的目标函数,采用 DDE 方法进行控制器参数整定;

⑤ 进行仿真实验及数据统计分析。

5.3　仿真实例

　　本节首先将 4 个典型的多变量对象：2 个三输入三输出多变量对象和 2 个四输入四输出多变量对象，作为仿真实例进行研究。针对这几个典型对象，设计逆解耦控制方案，与目前多变量控制的各种典型方案进行比较。为了展示逆解耦在高维多变量系统中的应用，本节以 6 个典型控制对象为主对角元素，构造了 1 个六输入六输出多变量对象，以验证本文逆解耦方案的优越性。

5.3.1　3×3 模型

　　例 1　研究的 3×3 化工蒸馏塔过程：

$$G_1(s) = \begin{bmatrix} \dfrac{1.986e^{-0.71s}}{66.7s+1} & \dfrac{-5.24e^{-60s}}{400s+1} & \dfrac{-5.984e^{-2.24s}}{14.29s+1} \\[3mm] \dfrac{-0.0204e^{-0.59s}}{(7.14s+1)^2} & \dfrac{0.33e^{-0.68s}}{(2.38s+1)^2} & \dfrac{-2.38e^{-0.42s}}{(1.43s+1)^2} \\[3mm] \dfrac{-0.374e^{-7.75s}}{22.22s+1} & \dfrac{11.3e^{-3.79s}}{(21.74s+1)^2} & \dfrac{9.811e^{-1.59s}}{11.36s+1} \end{bmatrix} \quad (5\text{-}1)$$

　　该模型为多变量控制概念及其方法进行验证研究时常用的典型模型，Wang 方法[53] 和 Liu 方法[52][54] 采用控制器矩阵的方法都对该模型进行过仿真研究，取得良好控制效果的。文献[56] 采用逆解耦方法对该模型进行解耦，对解耦后的目标函数采用 IMC 方法整定 PI 控制器参数，获得了迄今为止最好的控制效果。本文采用与文献[56] 相同的逆解耦控制器，对解耦后目标函数采用 DDE 方法整定控制器参数，并与上面三种方法进行仿真对比，从方案设计复杂性、标称系统输出动态响应及 IAE 性能指标三个方面进行对比分析。四种方法的控制器参数见表 5-1。

表 5-1　控制方案参数

方法	控制器参数

Wang

$$k_{11} = \frac{24.09s^3 - 8.787s^2 + s + 0.01918}{49.33s^3 + 6.991s^2 + 1.214s}$$

$$k_{21} = \frac{-69.82s^3 + 10.68s^2 + s + 0.01277}{1041s^3 + 126.5s^2 + 22.49s}e^{-10.52s}$$

$$k_{31} = \frac{537.2s^3 - 120.6s^2 + s + 0.07195}{-55630s^3 - 7997s^2 - 1186s}e^{-13.82s}$$

$$k_{12} = \frac{24260s^6 - 10870s^5 + 2651s^4 - 110s^3 + 55.22s^2 + s + 0.0006456}{-57140s^6 - 17230s^5 - 3013s^4 - 376.2s^3 - 23.97s^2 - 0.05722s}e^{-8.376s}$$

$$k_{22} = \frac{-1386s^6 - 1555s^5 + 190.9s^4 + 105.1s^3 + 21.64s^2 + s + 0.0024}{120100s^6 + 20740s^5 + 8681s^4 + 717.5s^3 + 94.53s^2 - 0.2149s}$$

$$k_{32} = \frac{37.42s^4 - 20.83s^3 + 6.675s^2 + s + 0.05205}{-2512s^4 - 878.2s^3 - 97.77s^2 - 3.945s}e^{-8.962s}$$

$$k_{13} = \frac{-1430s^4 + 938.5s^3 + 29.26s^2 + s + 0.008427}{34560s^4 + 2527s^3 + 485.3s^2 + 1.039s}e^{-8.084s}$$

$$k_{23} = \frac{-49.8s^3 + 6.178s^2 + s + 0.02832}{554.6s^3 + 62.99s^2 + 11.34s}e^{-3.513s}$$

$$k_{33} = \frac{-32.71s^3 - 3.641s^2 + s + 0.03188}{4964s^3 + 411s^2 + 102.3s}$$

Liu

$$D_1 = \frac{1}{1 - e^{-0.8s}/(15s+1)}, D_2 = \frac{1}{1 - e^{-0.68s}/(12s+1)^2}, D_3 = \frac{1}{1 - e^{-1.85s}/(18s+1)}$$

$$k_{11} = D_1 \frac{14543s^2 + 256.3578s + 0.5502}{(15s+1)(438.7353s+1)}e^{-0.09s}$$

$$k_{21} = D_1 \frac{12391s^3 + 746.2116s^2 + 9.7508s + 0.0199}{(15s+1)(3940.3s^2 + 447.8424s+1)}$$

$$k_{31} = D_1 \frac{1736.5s^3 - 21.7287s^2 - 0.8474s - 0.002}{(15s+1)(4815.4s^2 + 449.8302s+1)}e^{-2.2s}$$

$$k_{12} = D_2 \frac{4773900s^6 - 6920600s^5 - 3286200s^4 - 532380s^3 - 41045s^2 - 526.1791s + 0.296}{(12s+1)^2(611700s^4 + 109510s^3 + 12128s^2 + 465.9313s+1)}e^{-3.73s}$$

$$k_{22} = D_2 \frac{13471000s^6 + 3306200s^5 + 892990s^4 + 117120s^3 + 6709.9s^2 + 142.0148s + 0.3149}{(12s+1)^2(336570s^4 + 33465s^3 + 9959.2s^2 + 461.3811s+1)}$$

$$k_{32} = D_2 \frac{-197040s^5 - 104730s^4 - 29099s^3 - 4024.9s^2 - 171.9233s - 0.374}{(12s+1)^2(257300s^4 + 55907s^3 + 10254s^2 + 461.9346s+1)}e^{-2.2s}$$

$$k_{13} = D_3 \frac{400930s^4 + 33536s^3 + 1342.3s^2 + 31.5279s + 0.2638}{(18s+1)(33025s^3 + 3869.9s^2 + 447.5041s+1)}e^{-1.79s}$$

$$k_{23} = D_3 \frac{16790s^3 + 1582.9s^2 + 39.2646s + 0.0885}{(18s+1)(511.4853s^2 + 440.0233s+1)}$$

$$k_{33} = D_3 \frac{2195s^3 + 212.3057s^2 + 5.2157s + 0.01}{(18s+1)(1319.1s^2 + 441.8636s+1)}e^{-0.26s}$$

方法	控制器参数
IDC	$N_{\theta} = diag(e^{-0.09s}, 1, e^{-0.26s})$ $Dd(s) = I$ $do_{12} = \dfrac{5.24(66.7s+1)e^{-59.2s}}{1.986(400s+1)}$ $do_{13} = \dfrac{5.98(66.7s+1)e^{-1.7s}}{1.986(14.29s+1)}$ $do_{21} = \dfrac{0.0204(2.38s+1)^2}{0.33(7.14s+1)^2}$ $do_{23} = \dfrac{2.38(2.38s+1)^2}{0.33(1.43s+1)^2}$ $do_{31} = \dfrac{0.374(11.36s+1)e^{-5.99s}}{9.811(22.22s+1)}$ $do_{32} = \dfrac{-11.3(11.36s+1)e^{-1.94s}}{9.811(21.74s+1)^2}$ $k_{p1} = 2.25, k_{p2} = 0.77, k_{p3} = 0.07$ $T_{i1} = 67.1, T_{i2} = 5.1, T_{i3} = 12.3$
Proposed	$k_{p1} = 12.7313, k_{i1} = 0.9972, b_1 = 12.6316$ $k_{p2} = 2.0320, k_{i2} = 0.3200, b_2 = 2$ $k_{p3} = 0.1784, k_{i3} = 0.0192, b_3 = 0.1765$

从控制器设计方案看,Liu 方法和 Wang 方法都采用解耦控制器矩阵的设计方法,该方法不仅存在计算复杂、求解运算量大等缺点,而且解耦控制矩阵阶次高、实现难;逆解耦方法简单,易实现。

图 5-2 时滞逆解耦矩阵稳定性判定图,给定有界输入 r,对应的三路输出均为稳定有界,则逆解耦矩阵满足 BIBO 稳定。

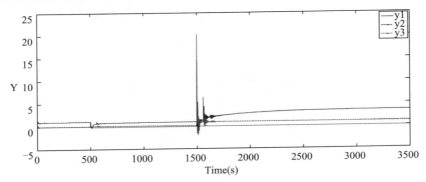

图 5-2　时滞逆解耦矩阵稳定判定图

　　标称系统分别加入三路单位阶跃给定值输入信号,并且在 900 秒时分别加入三路幅值为 0.1 的阶跃负载干扰信号到被控过程的输入端。得到输出量和控制量如图 5-3 所示,各回路的 IAE 指标值比较见表 5-2。

　　仿真结果显示,逆解耦方法要比控制器矩阵方法解耦效果更好,Liu 方法和 IDC 方法的控制量变化不平稳,Wang 方法抗扰性能差和 IAE 指标偏大。本文方法对该模型的解耦效果最好,抗扰动性能最优,控制量比较平稳,IAE 指标明显优于其他三种方案。

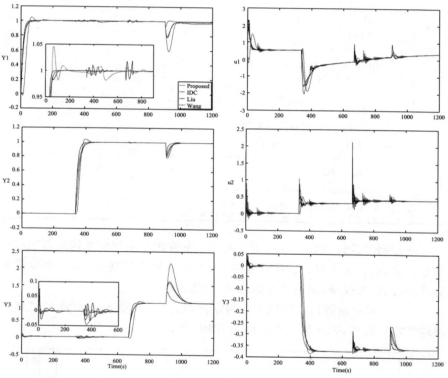

图 5-3　系统输出响应图

表 5-2　例 1 的 IAE 指标值比较

Method	IAE$_{11}$	IAE$_{22}$	IAE$_{33}$	Sum
Proposed	14.2340	17.6819	27.2917	59.2076
IDC	24.7095	24.2286	60.6022	109.5403
Liu	27.1232	30.1978	64.0395	106.8095
Wang	60.01334	37.4689	106.8095	204.2918

例2　研究 3×3 化工 Ogunnaike-Ray 模型：

$$G_2(s) = \begin{bmatrix} \dfrac{0.66e^{-2.6s}}{6.7s+1} & \dfrac{-0.61e^{-3.5s}}{8.64s+1} & \dfrac{-0.00494e^{-s}}{9.06s+1} \\[2ex] \dfrac{1.11e^{-6.5s}}{3.25s+1} & \dfrac{-2.36e^{-3s}}{5s+1} & \dfrac{-0.01e^{-1.2s}}{7.09s+1} \\[2ex] \dfrac{-34.68e^{-9.2s}}{8.15s+1} & \dfrac{46.2e^{-9.4s}}{10.9s+1} & \dfrac{0.87(11.61S+1)e^{-s}}{(3.89s+1)(18.8S+1)} \end{bmatrix}$$

$$(5\text{-}2)$$

根据 5.2 逆解耦方案设计步骤,通过观察对 $G_2(s)$ 设计时滞补偿矩阵 N_θ：

$$N_\theta = diag(e^0, e^0, e^{-1.8s}) \tag{5-3}$$

补偿后控制对象 $G_N(s)$ 为：

$$G_N(s) = \begin{bmatrix} \dfrac{0.66e^{-2.6s}}{6.7s+1} & \dfrac{-0.61e^{-3.5s}}{8.64s+1} & \dfrac{-0.00494e^{-2.8s}}{9.06s+1} \\[2ex] \dfrac{1.11e^{-6.5s}}{3.25s+1} & \dfrac{-2.36e^{-3s}}{5s+1} & \dfrac{-0.01e^{-3s}}{7.09s+1} \\[2ex] \dfrac{-34.68e^{-9.2s}}{8.15s+1} & \dfrac{46.2e^{-9.4s}}{10.9s+1} & \dfrac{0.87(11.61s+1)e^{-2.8s}}{(3.89s+1)(18.8s+1)} \end{bmatrix}$$

$$(5\text{-}4)$$

取 $G_N(s)$ 的主对角各元素为解耦目标函数 $Q(s)$,构造逆解耦矩阵,图 5-4 为时滞逆解耦矩阵稳定性判定图。

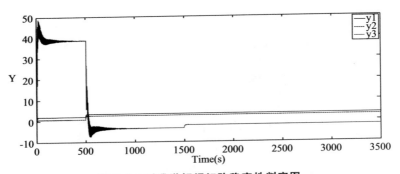

图 5-4　时滞逆解耦矩阵稳定性判定图

从图 5-4 可看出,给定有界输入 r,对应的三路输出均为稳定有界,则逆解耦矩阵满足 BIBO 稳定。

在该模型的仿真控制中,M. Lee[32] 方法和 J. Lee[39] 方法都取得了较好的控制效果,M. Lee 把基于内模的单变量的参数整定方法推广到多变量系统;J. Lee 在 M. Lee 方法基础上把静态解耦的思想应用到多变量控制中,提出了一种基于期望动态的静态解耦方法,在该模型上,两种方法取得了目前最好的控制效果。为了展示逆解耦设计方法的性能,在控制量与 J. Lee 方法相近的前提下,对解耦后的 $Q(s)$ 采用 DDE 整定控制器参数设计本文控制方案,与 M. Lee 方法和 J. Lee 方法进行仿真对比,本文逆解耦控制器参数见表 5-3。

标称系统分别加入三路单位阶跃给定值输入信号,得到输出量和控制量如图 5-5 所示,各回路的 IAE 指标值比较见表 5-4。

仿真结果表明,本文控制方案可实现动态解耦,对该模型的解耦效果明显优于其他两种方法,IAE 指标最好,J. Lee 方法次之,M. Lee 方法最差。

表 5-3   控制方案参数

方法	控制器参数
Proposed	$Q(s) = diag(\dfrac{0.66e^{-2.6s}}{6.7s+1}, \dfrac{-2.36e^{-3s}}{5s+1}, \dfrac{0.87(11.61S+1)e^{-2.8s}}{(3.89s+1)(18.8S+1)})$ $Dd(s) = I$ $do_{12} = \dfrac{0.61(6.7s+1)}{0.66(8.64s+1)}e^{-0.9s}$ $do_{13} = \dfrac{0.00494(6.7s+1)}{0.66(9.06s+1)}e^{-0.2s}$ $do_{21} = \dfrac{1.11(5s+1)}{2.36(3.25s+1)}e^{-3.5s}$ $do_{23} = \dfrac{-0.01(5s+1)}{2.36(7.09s+1)}$ $do_{31} = \dfrac{34.68(3.89s+1)(18.8s+1)}{0.87(8.15s+1)(11.61s+1)}e^{-0.9s}$ $do_{32} = \dfrac{-46.2(3.89s+1)(18.8s+1)}{0.87(10.9s+1)(11.61s+1)}e^{-0.9s}$ $k_{p1} = 0.5458, k_{i1} = 0.1004$ $k_{p2} = -0.3676, k_{i2} = -0.0397$ $k_{p3} = 1.4365, k_{i3} = 0.1639$

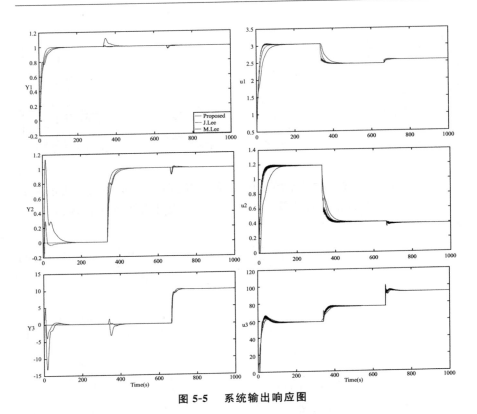

图 5-5　系统输出响应图

表 5-4　例 2 的 IAE 指标值比较

Method	IAE$_{11}$	IAE$_{22}$	IAE$_{33}$	Sum
Proposed	15.0905	10.6849	81.9580	107.7344
J. Lee	18.4219	24.0567	202.3118	244.7904
M. Lee	21.5750	46.7625	371.8291	440.1667

5.3.2　4×4 模型

例 3　研究的 4×4 化工 Alatiqi case1(A1) 模型[33]：

$G_3(s) =$

$$
\begin{bmatrix}
\dfrac{2.22e^{-2.5s}}{(36s+1)(25s+1)} & \dfrac{-2.94(7.9s+1)e^{-0.05s}}{(23.7s+1)^2} & \dfrac{0.017e^{-0.2s}}{(31.6s+1)(7s+1)} & \dfrac{-0.64e^{-20s}}{(29s+1)^2} \\[3mm]
\dfrac{-2.33e^{-5s}}{(35s+1)^2} & \dfrac{3.46e^{-1.01s}}{32s+1} & \dfrac{-0.51e^{-7.5s}}{(32s+1)^2} & \dfrac{1.68e^{-2s}}{(28s+1)^2} \\[3mm]
\dfrac{-1.06e^{-22s}}{(17s+1)^2} & \dfrac{3.511e^{-13s}}{(12s+1)^2} & \dfrac{4.41e^{-1.101s}}{16.2s+1} & \dfrac{-5.38e^{-0.5s}}{17s+1} \\[3mm]
\dfrac{-5.73e^{-2.5s}}{(8s+1)(50s+1)} & \dfrac{4.32(25s+1)e^{-0.01s}}{(50s+)(5s+1)} & \dfrac{-1.25e^{-2.8s}}{(43.6s+1)(9s+1)} & \dfrac{4.78e^{-1.15s}}{(48s+1)(5s+1)}
\end{bmatrix}
$$

$$(5-5)$$

模型 $G_3(s)$ 非常复杂且不满足可实现性,选择 $G_3(s)$ 的主对角为前向通道,依照补偿矩阵规范设计步骤,对该模型可实现补偿矩阵进行规范设计。补偿矩阵 N:

$$ N = diag\left(e^0, \frac{1}{7.9s+1}e^{-2.45s}, e^{-2.3s}, e^{-2.81s}\right) \qquad (5-6) $$

补偿后控制对象 $G_N(s)$ 为:

$G_N(s) =$

$$
\begin{bmatrix}
\dfrac{2.22e^{-2.5s}}{(36s+1)(25s+1)} & \dfrac{-2.94e^{-2.5s}}{(23.7s+1)^2} & \dfrac{0.017e^{-2.5s}}{(31.6s+1)(7s+1)} & \dfrac{-0.64e^{-22.81s}}{(29s+1)^2} \\[3mm]
\dfrac{-2.33e^{-5s}}{(35s+1)^2} & \dfrac{3.46e^{-3.46s}}{(7.9s+1)(32s+1)} & \dfrac{-0.51e^{-9.8s}}{(32s+1)^2} & \dfrac{1.68e^{-4.81s}}{(28s+1)^2} \\[3mm]
\dfrac{-1.06e^{-22s}}{(17s+1)^2} & \dfrac{3.511e^{-15.45s}}{(7.9s+1)(12s+1)^2} & \dfrac{4.41e^{-3.31s}}{16.2s+1} & \dfrac{-5.38e^{-3.31s}}{17s+1} \\[3mm]
\dfrac{-5.73e^{-2.5s}}{(8s+1)(50s+1)} & \dfrac{4.32(25s+1)e^{-2.46s}}{(7.9s+1)(50s+)(5s+1)} & \dfrac{-1.25e^{-5.1s}}{(43.6s+1)(9s+1)} & \dfrac{4.78e^{-3.96s}}{(48s+1)(5s+1)}
\end{bmatrix}
$$

$$(5-7)$$

取 $G_N(s)$ 的主对角各元素为解耦目标函数 $Q(s)$,基于 Pade 近似设计逆解耦矩阵,对逆解耦矩阵的稳定性分析见图 5-6。

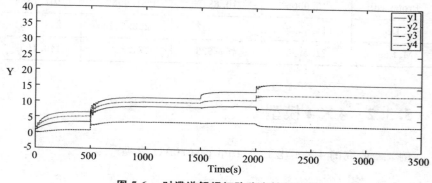

图 5-6　时滞逆解耦矩阵稳定性判定图

从图 5-6 可看出,给定有界输入 r,对应的四路输出均为稳定有界,则逆解耦矩阵满足 BIBO 稳定。

　　文献[33]以各回路 IAE 指标为主要优化目标,采用有效开环过程(Effective Open-loop Process,EOP)方法,对该模型设计分散 PID 控制器,获得了较好的控制效果,薛亚丽[28]采用遗传算法(GA)对该模型进行了研究,得到了比现有文献更好的结果。本文选取该模型进行逆解耦控制方案设计,对解耦后的 $Q(s)$ 采用 DDE 整定控制器参数,并与上面两种方法进行比较,本文方法控制器参数见表 5-5。

表 5-5　控制方案参数

方法	控制器参数
Proposed	$Q_N(s) = diag\left(\dfrac{2.22e^{-2.5s}}{(36s+1)(25s+1)}, \dfrac{3.46e^{-3.46s}}{(7.9s+1)(32s+1)}, \right.$ $\left. \dfrac{4.41e^{-3.31s}}{16.2s+1}, \dfrac{4.78e^{-3.96s}}{(48s+1)(5s+1)}\right)$ $Dd(s) = I$ $d_{12}(s) = \dfrac{2.94(36s+1)(25s+1)}{2.22(23.7s+1)^2}$ $d_{13}(s) = \dfrac{-0.017(36s+1)(25s+1)}{2.22(31.6s+1)(7s+1)}$ $d_{14}(s) = \dfrac{0.64(36s+1)(25s+1)e^{-20.31s}}{2.22(29s+1)^2}$ $d_{21}(s) = \dfrac{2.33(7.9s+1)(32s+1)e^{-1.54s}}{3.46(35s+1)^2}$ $d_{23}(s) = \dfrac{0.51(7.9s+1)(32s+1)e^{-6.34s}}{3.46(32s+1)^2}$ $d_{24}(s) = \dfrac{-1.68(7.9s+1)(32s+1)e^{-1.34s}}{3.46(28s+1)^2}$ $d_{31}(s) = \dfrac{1.06(16.2s+1)e^{-18.69s}}{4.41(17s+1)^2}$ $d_{32}(s) = \dfrac{-3.511(16.2s+1)e^{-12.14s}}{4.41(7.9s+1)(12s+1)^2}$ $d_{34}(s) = \dfrac{5.38(16.2s+1)}{4.41(17s+1)}$ $d_{41}(s) \approx \dfrac{5.73(48s+1)(5s+1)(3.96s+1)}{4.78(8s+1)(50s+1)(2.5s+1)}$ $d_{42}(s) \approx \dfrac{-4.32(25s+1)(48s+1)(3.96s+1)}{4.78(7.9s+1)(50s+s)(2.46s+1)}$ $d_{43}(s) = \dfrac{1.25(48s+1)(5s+1)e^{-1.14s}}{4.78(43.6s+1)(9s+1)}$ $k_{p1} = 0.0538, k_{p2} = 0.3731, k_{p3} = 0.4829, k_{p4} = 0.1145$ $k_{i1} = 0.0043, k_{i2} = 0.0104, k_{i3} = 0.0288, k_{i4} = 0.0034$

标称系统分别加入四路单位阶跃给定值输入信号,得到输出量和控制量如图 5-7 所示,各回路的 IAE 指标值比较见表 5-6。

表 5-6   例 3 的 IAE 指标值比较

Method	IAE$_{11}$	IAE$_{22}$	IAE$_{33}$	IAE$_{44}$	Sum
Proposed	67.9216	22.7639	7.3961	19.3924	117.4740
EOP	49.9825	5.5751	167.7305	71.6297	294.9178
GA	88.2846	43.7048	51.4183	80.5833	263.9910

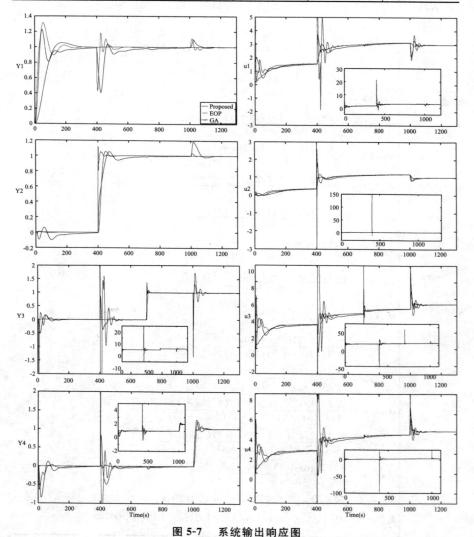

图 5-7   系统输出响应图

仿真结果表明,本文方法的解耦性能大大优于 EOP 和 GA 方法,在控制量很小的情况下,取得了更好的动态响应。比较表中的 IAE 指标可以发现:本文方法的 IAE 指标最好,GA 方法次之,EOP 方法较差。

例 4　研究 4×4 HVAC 温度控制模型

Ming He 和 Wen-Jian Cai 等对 HVAC 中央系统进行简化,分析得出其四房间温度模型如图 5-8[86]:

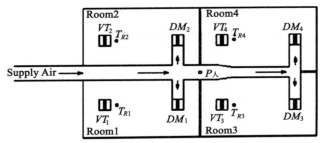

图 5-8　HVAC 四房间温控模型

其中 T_1, T_2, T_3, T_4 为 HVAC 系统被控房间温度,u_1, u_2, u_3, u_4 为控制量,对其进行参数辨识,获得 HVAC 温度控制模型[86]:

$$G_4(s) = \begin{bmatrix} \dfrac{-0.098e^{-17s}}{122s+1} & \dfrac{-0.036e^{-27s}}{(23.7s+1)^2} & \dfrac{-0.014e^{-32s}}{158s+1} & \dfrac{-0.017e^{-30s}}{155s+1} \\[3mm] \dfrac{-0.043e^{-25s}}{147s+1} & \dfrac{-0.092e^{-16s}}{130s+1} & \dfrac{-0.011e^{-33s}}{156s+1} & \dfrac{-0.012e^{-34s}}{157s+1} \\[3mm] \dfrac{-0.012e^{-31s}}{153s+1} & \dfrac{-0.016e^{-34s}}{151s+1} & \dfrac{-0.102e^{-16s}}{118s+1} & \dfrac{-0.033e^{-26s}}{146s+1} \\[3mm] \dfrac{-0.013e^{-32s}}{156s+1} & \dfrac{-0.015e^{-31s}}{159s+1} & \dfrac{-0.029e^{-25s}}{144s+1} & \dfrac{-0.108e^{-18s}}{128s+1} \end{bmatrix}$$

$$(5\text{-}8)$$

文献[85] 基于相对增益阵列(RNGA)和等效传递函数(ETF)[87],设计归一化解耦控制 NDC 对 HVAC 系统进行解耦控制,取得很好控制效果;文献[56] 为展示逆解耦方法解耦性能,选用与文献[85] 相同的解耦目标矩阵 $Q(s)$、等价的控制器参数,对该模型取的更好的控制效果;本文采用与文献[56] 相同的逆解耦控制器及解耦目标函数,对解耦目标函数采用 DDE 方法整定 PI 控制器参数,检验和验证 DDE 方法的有效性。三种方法的控制器参数见表 5-7。

表 5-7　控制方案参数

方法	控制器参数
NDC	$Q(s) = (\dfrac{e^{-21.8181s}}{113.8299s+1}, \dfrac{e^{-21.3160s}}{121.3753s+1}, \dfrac{e^{-22.2075s}}{113.9022s+1}, \dfrac{e^{-23.1250s}}{123.5480s+1})$
	$k_{11} = \dfrac{-20.411s \quad -0.1793}{s}e^{-5.9666}$
	$k_{21} = \dfrac{873.063s^2 + 17.0096s + 0.0821}{113.8299s^2 + s}e^{-4.8878s}$
	$k_{31} = \dfrac{66.2759s^2 + 1.1972s + 0.0054}{113.8299s^2 + s}$
	$k_{41} = \dfrac{99.6694s^2 + 1.8709s + 0.00874}{113.8299s^2 + s}e^{-2.4454s}$
	$k_{12} = \dfrac{757.3316s^2 + 14.4711s + 0.0667}{121.3735s^2 + s}e^{-5.4125s}$
	$k_{22} = \dfrac{-23.7268s - 0.1955}{s}e^{-6.3777s}$
	$k_{32} = \dfrac{197.5492s^2 + 3.8371s + 0.0182}{121.3735s^2 + s}e^{-2.4022s}$
	$k_{42} = \dfrac{169.923s^2 + 3.1264s + 0.00182}{121.3735s^2 + s}$
	$k_{13} = \dfrac{117.7301s^2 + 2.4579s + 0.0125}{113.9022s^2 + s}e^{-5.4335s}$
	$k_{23} = \dfrac{84.2152s^2 + 1.5935s + 0.0075}{113.9022s^2 + s}$
	$k_{33} = \dfrac{-17.5299s - 0.154}{s}e^{-6.7631s}$
	$k_{43} = \dfrac{425.8003s^2 + 1.5935s + 0.0388}{113.9022s^2 + s}e^{-5.0369s}$
	$k_{14} = \dfrac{189.1506s^2 + 3.5259s + 0.01615}{123.548s^2 + s}e^{-3.6602s}$
	$k_{24} = \dfrac{82.4539s^2 + 1.364s + 0.0056}{123.548s^2 + s}$
	$k_{34} = \dfrac{496.9846s^2 + 9.2769s + 0.0425}{123.548s^2 + s}e^{-6.6871s}$
	$k_{44} = \dfrac{-17.2853s - 0.1401}{s}e^{-5.7511s}$

方法	控制器参数
IDC	$dd_{11} = \dfrac{(122s+1)}{-0.098(113.8299s+1)}e^{-4.8181s}$ $dd_{22} = \dfrac{(130s+1)}{-0.092(121.3753s+1)}e^{-5.3160s}$ $dd_{33} = \dfrac{(118s+1)}{-0.102(113.9022s+1)}e^{-6.2075s}$ $dd_{44} = \dfrac{(118s+1)}{-0.108(123.5480s+1)}e^{-5.1250s}$ $do_{12} = \dfrac{0.036(113.8299s+1)}{(23.7s+1)^2}e^{-5.1819s}$ $do_{13} = \dfrac{0.014(113.8299s+1)}{158s+1}e^{-10.1819s}$ $do_{14} = \dfrac{0.017(113.8299s+1)}{155s+1}e^{-8.1819s}$ $do_{21} = \dfrac{0.043(121.3753s+1)}{147s+1}e^{-3.684s}$ $do_{23} = \dfrac{0.011(121.3753s+1)}{156s+1}e^{-11.684s}$ $do_{24} = \dfrac{0.012(121.3753s+1)}{157s+1}e^{-12.684s}$ $do_{31} = \dfrac{0.012(113.9022s+1)}{153s+1}e^{-8.7925s}$ $do_{32} = \dfrac{0.016(113.9022s+1)}{151s+1}e^{-11.7925s}$ $do_{34} = \dfrac{0.033(113.9022s+1)}{146s+1}e^{-3.7925s}$ $do_{41} = \dfrac{0.013(123.5480s+1)}{156s+1}e^{-8.875s}$ $do_{42} = \dfrac{0.015(123.5480s+1)}{159s+1}e^{-7.875s}$ $do_{43} = \dfrac{0.029(123.5480s+1)}{144s+1}e^{-1.875s}$ $k_{p1}=1.64, k_{p2}=1.79, k_{p3}=1.61, k_{p4}=1.68$ $T_{i1}=69.4, T_{i2}=67.8, T_{i3}=70.7, T_{i4}=73.5$
Proposed	$k_{p1}=2.5019, k_{i1}=0.0192$ $k_{p2}=2.6693, k_{i2}=0.0259$ $k_{p3}=2.5019, k_{i3}=0.0192$ $k_{p4}=2.6687, k_{i4}=0.0208$

图 5-9 为逆解耦矩阵的稳定性判定图,给定有界输入 r,对应的四路输出均为稳定有界,则逆解耦矩阵满足 BIBO 稳定。

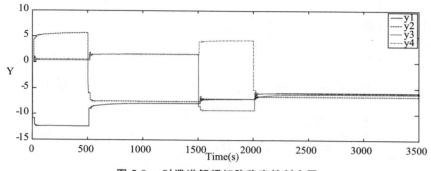

图 5-9   时滞逆解耦矩阵稳定性判定图

标称系统分别加入四路单位阶跃给定值输入信号,2000 秒加入幅值为 1 阶跃干扰信号,得到输出量和控制量如图 5-10 所示,各回路的 IAE 指标值比较见表 5-8。

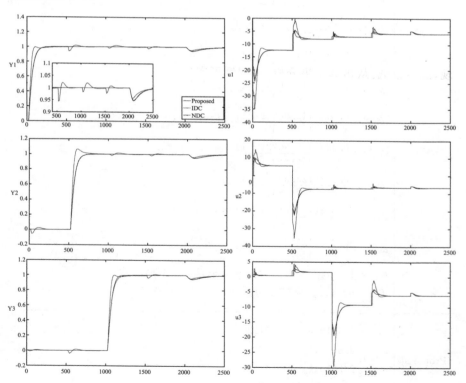

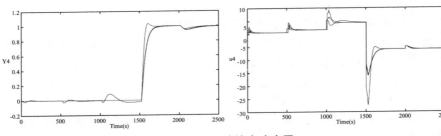

图 5-10　系统输出响应图

表 5-8　例 4 的 IAE 指标值比较

Method	IAE$_{11}$	IAE$_{22}$	IAE$_{33}$	IAE$_{44}$	Sum
Proposed	60.1218	58.2555	60.0733	58.0714	236.5221
IDC	80.4472	78.0648	81.7847	85.1008	325.3975
NDC	88.8563	85.9770	87.1549	108.8781	370.8662

从控制器设计方案看,NDC 方法采用解耦控制器矩阵的设计方法存在解耦矩阵阶次高和实现难的缺点。逆解耦方法解耦矩阵阶次低,更容易实现,成本较低。从仿真结果分析,逆解耦可实现动态解耦,具有更好的解耦效果;本文方法相比 IDC 和 NDC 两种解耦方法具有更好抗扰性能,动态响应更快,比较表中的 IAE 指标,本文方法 IAE 指标明显占优。

5.3.3　6×6 模型

为了展现本文逆解耦方法在高维多变量系统中的应用,本节以三个典型的一阶惯性时滞对象、两个含积分环节对象和一个二阶时滞对象为主对角元素,构造 6×6 模型如下:

$G_1(s) =$

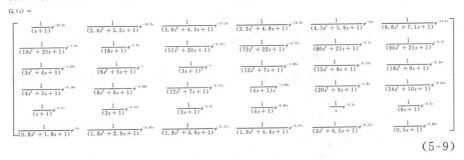

(5-9)

仿真实验步骤:

1) 前向通道选取

被控对象 $G_5(s)$ 为 6×6 矩阵,根据被控对象时滞可实现的必要条件,前向通道选取只能选对应被控对象不同行列且时滞之和最小的组合。对 $G_5(s)$ 的 6! 种可选前向通道中,$\{g_{11},g_{22},g_{33},g_{44}\}$ 满足要求,因此,选定 $\{g_{11},g_{22},g_{33},g_{44}\}$ 为 $G_5(s)$ 的前向通道。

2) $G_5(s)$ 前 5 行时滞补偿

模型 $G_5(s)$ 不满足时滞可实现性,根据公式(3-29)对该模型进行前 5 行时滞补偿规范设计。补偿矩阵 N:

$$N = diag(e^0,e^0,e^0,e^{-1.6s},e^{-1.79s},e^{-1.89s}) \tag{5-10}$$

补偿后控制对象 $G_N(s)$ 为:

$G_N(s) =$

$$\tag{5-11}$$

3) $G_N(s)$ 可实现性判定

① 非最小相位可实现判定

考察对象 $G_N(s)$ 的主对角元素 $\{g_{11_N},\cdots,g_{ii_N},\cdots,g_{mn_N}\}$ 均不含非最小相位,$G_N(s)$ 满足非最小相位可实现性。

② 时滞可实现判定

考察对象 $G_N(s)$ 的主对角元素时滞 $\{\theta_{11_N},\cdots,\theta_{ii_N},\cdots,\theta_{nn_N}\}$:

$$\theta_{ii_N} \leqslant \theta_{ij_N} \qquad \forall i,j = \{1,2,\cdots,n\} \tag{5-12}$$

$G_N(s)$ 满足时滞可实现的判据。

③ 相对阶可实现判定

考察对象 $G_N(s)$ 的主对角元素相对阶 $\{r_{11_N},\cdots,r_{ii_N},\cdots,r_{nn_N}\}$:

$$r_{ii_N} \leqslant r_{ij_N} \qquad \forall i,j = \{1,2,\cdots,n\} \tag{5-13}$$

$G_N(s)$ 满足相对阶可实现的判据。

4) 解耦目标函数设计

取 $G_N(s)$ 的主对角为解耦目标函数 $Q_N(s)$:采用 DDE 方法设计 PI 控制器:

$$Q_N(s) = diag\left\{\begin{matrix} \dfrac{1}{(s+1)}e^{-15.2s}, \dfrac{1}{(18s+1)}e^{-1.9s}, \dfrac{1}{(3s+1)^2}e^{-s}, \\ \dfrac{1}{(4s+1)s}e^{-3.59s}, \dfrac{1}{s}e^{-4.09s}, \dfrac{1}{(0.5s+1)}e^{-4.72s} \end{matrix}\right\} \tag{5-14}$$

5）控制器整定

$Q_N(s)$ 采用 DDE 方法对解耦目标函数设计 PI 控制器：

$$k_{p1} = 0.2394, k_{p2} = 0.2890, k_{p3} = 0.5435,$$
$$k_{p4} = 0.0533, k_{p5} = 0.1000, k_{p6} = 0.2080$$
$$k_{i1} = 0.0415, k_{i2} = 0.0327, k_{i3} = 0.1016,$$
$$k_{i4} = 4.7407e-06, k_{i5} = 8.8889e-06, k_{i6} = 0.1000 \quad (5\text{-}15)$$

6）逆解耦矩阵稳定性分析

根据公式(3-1)设计逆解耦矩阵，在 $t = 0s, 150s, 300s, 450s, 600s, 750s$ 时分别输入六路幅值为 1 的单位阶跃信号，仿真时间为 3500 秒。图 5-11 为六路输出稳定性分析图。

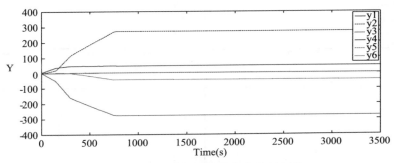

图 5-11　时滞逆解耦矩阵稳定性判定图

从图 5-11 可看出，给定有界输入 r，对应的六路输出均为稳定有界，则逆解耦矩阵满足 BIBO 稳定。

7）仿真检验

为了考察本文逆解耦方法的解耦性能，在控制器参数相同的条件下，逆解耦方法与对 $Q_N(s)$ 独立控制的 DDE 方法进行比较。标称系统在 $t = 0s$，$100s, 200s, 300s, 400s, 500s$ 时，分别加入六路单位阶跃给定值输入信号，得到输出量和控制量如图 5-12 所示。

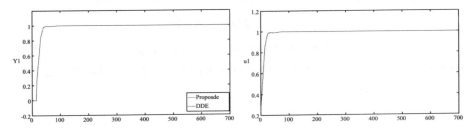

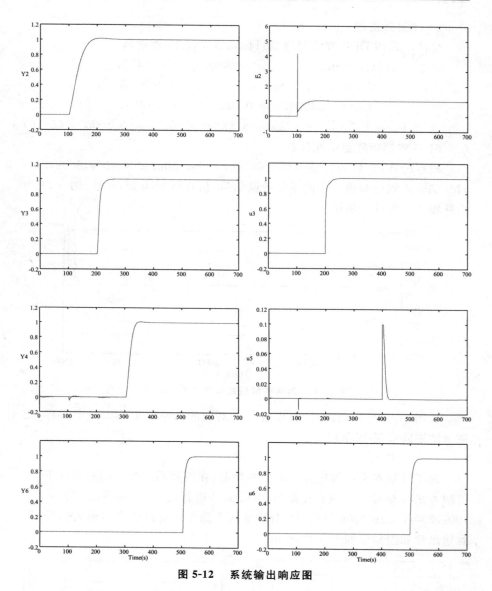

图 5-12   系统输出响应图

　　仿真结果可清晰看出,本文逆解耦方法和独立控制的DDE方法几乎具有相同的动态响应,表明本文方法具有完美的解耦性能,在对高维多变量控制中,取得了良好的控制性能。

5.4   本章小结

　　本章针对高维多变量对象,给出了本文逆解耦控制方案设计步骤,并通过四个典型化工对象模型,与目前对多变量的几种典型控制方法,如控制器矩阵方法、静态解耦方法及分散控制方法进行了仿真对比。相比静态解耦方法及分散控制方法,本文方法控制效果要好很多;相比控制器矩阵方法,本文逆解耦方法避免了矩阵的求逆运算,具有设计更为简单、解耦效果更好、解耦网络少和逆解耦矩阵的阶次更低等诸多优点。

　　目前正向控制器矩阵解耦方法对多变量的解耦研究成果多局限于三输入三输出系统,由于方法的复杂性,对高维多变量系统无法进行有效解耦控制。为了展现本文方法在高维多变量控制中的独特优势,将本文方法应用于一个六输入六输出时滞系统,仿真结果验证了本文方法在高维多变量控制中的有效性。

6 板形板厚系统解耦控制研究

　　钢铁工业是国民经济发展的重要组成部分,其中带钢生产在我国钢铁生产中占据着重要地位。近年来,各行各业对热轧带钢质量、品种、性能等的要求越来越高。提高轧制产品的尺寸精度可产生巨大的经济效益,高精度产品成为带钢生产发展趋势之一。

　　轧制过程是一个复杂的生产过程,轧制系统由机械系统、液压系统和电气系统组成。影响带钢产品品质有诸多因素,其中最重要的是板形和板厚的控制精度。板形和板厚直接关系到成品质量,研究面向板形板厚控制的轧机系统动态建模及仿真技术已成为国内外冶金行业关注的焦点。

　　带钢板形所涵盖的内容十分广泛,具体而言,包括横截面轮廓和平坦度两方面。横截面轮廓反映了带钢沿板宽方向的几何外形特征;平坦度反映了带钢沿长度方向的几何外形特征,二者共同决定了带钢的板形质量[88]。板形控制系统(Automatic Shape Control,ASC)主要通过弯辊控制和精细冷却控制使带钢产品保持良好的凸度和平坦度。由于影响板形的因素很多,如钢种、来料几何特性、轧制条件等,因此传统意义上的板形控制系统是一个多变量、非线性、强耦合的复杂非线性不确定系统。

　　带钢板厚尺寸是提高产品质量的主要目标,其精度主要取决于空载辊缝、轧制压力、轧机的纵向刚度模数和轴承油膜厚度等。相对板形控制系统而言,带钢厚度自动控制(Automatic Gauge Control,AGC)是提高板带材厚度精度的主要方法,目的是获得带钢纵向厚度的均匀性,进而通过轧辊对轧件施加轧制压力使轧件发生塑性变形,让轧件出口厚度达到控制要求,其控制效果直接影响到最终产品的精度与性能。传统意义上,带钢厚度自动控制(AGC)由多个单输入单输出控制系统组成,其控制效果具有局限性。每个单独的控制回路不仅受到其他回路所带来的干扰,同时还给别的控制回路施加干扰,严重影响了控制效果,控制品质不高[89][90][91]。

　　长期以来,带钢厚度自动控制(AGC)和带钢板形自动控制(ASC)是各自独立的系统,主要通过调节辊缝来控制板厚质量,调节弯辊力来控制板形质量。文献[92][93][94][95][96][97]对厚度计式 AGC、前馈 AGC、张力 AGC、和流量 AGC 等几种典型 AGC 的方案的工作机理进行分析,评析了这几种方案的优缺点。曲蕾[98] 针对热连轧厚度控制系统,把逆系统理论应用于热连轧厚度系统的开发,建立了厚度－活套综合模型;文献[99] 设计了基于神经网络的自适应厚度自动控制(NNA-AGC) 方案,在厚度控制中具有较好的抗扰性能和跟随性能。与板厚控制相比较,影响板形的因素更加复杂。文献[100] 介绍了板形理论的发展,板形控制的概念与控制方法,并对液压弯辊、HC 轧机、等板形控制技术作了详细的论述。针对板形控制问题,文献[107] 开发了新型线性变凸度 LVC 工作辊形。杨光辉等开发出改进了 SmartCrownplus 新辊形,已成功应用于工业实践,并取得了良好效果[102]。

实际上,带钢板形与板厚控制是一个相互耦合的过程,往往为了达到一方的质量指标而影响了另一方的质量指标。英国钢铁协会最早提出了 AFC-AGC 综合控制概念。依靠控制压下位置、轧件张力、弯辊力来实现对轧机有载辊缝形状的控制,进而实现对板形板厚的控制[103]。国内许多专家学者将板形板厚控制系统作为一个整体进行了研究,以提高带钢产品质量的性能指标。景鹏[88] 针对轧制过程中的板形板厚综合系统,分别研究了板厚成因及辊缝控制手段,分析研究了变形区的动态特性,建立起相对完善的系统综合模型;孙建亮[107] 建立面向板形板厚控制的板带轧机系统动态仿真模型。随着控制理论的发展,各种智能控制思想和先进控制算法不断涌现,出现了许多先进控制方法。吴刚将多变量模糊解耦控制理论应用于板形板厚综合控制系统中[108];王粉花等利用神经元网络进行板形和厚度的综合控制,模拟结果显示出良好的控制精度[109];文献[107] 采用 H∞ 鲁棒控制理论对板形板厚综合控制系统进行控制器设计,提高了控制系统精度。尽管智能控制新方法在理论研究和控制系统仿真中获得验证,但由于其原理和实现都比较复杂,实时性不强等缺点,限制了先进控制方法在板形板厚控制系统中的广泛应用,因此板形板厚控制系统仍大量采用常规的 PID 控制方法。

本章从机理上对带钢板形板厚耦合系统模型进行分析。在景鹏[88] 建立的较为精确的板形板厚综合系统模型的基础上,设计逆解耦 PI 控制方案进行仿真验证,并采用 Monte Carlo 原理检验和评价控制系统的性能鲁棒性。

6.1　板形板厚耦合系统模型分析

根据轧制工艺理论,可以得到带钢广义凸度方程,即板形模型:

$$CR = \frac{P}{K_P} + \frac{F}{K_w} + E_C C_C + E_H C_H + E_R C_{\sum} + C_0 \qquad (6\text{-}1)$$

式中　　K_P——与轧制力有关的横向刚度系数；

K_w——与弯辊力有关的横向刚度系数；

E_C——可控辊型影响系数；

C_C——可控辊型；

E_H——可控热辊型影响系数；

C_H——可控热辊型；

E_R——综合辊型影响系；

$C_{\sum}$——综合辊型；

C_0——常数；

P——轧制力；

F——弯辊力。

由轧机的机械性能结合虎克定律得出轧机综合弹跳方程，即板厚模型：

$$h = S + \frac{P - P_0}{C_P} + \frac{F}{C_w} + G + O \qquad (6\text{-}2)$$

$$P = f(H, h_1, \tau_b, \tau_f, \mu) \qquad (6\text{-}3)$$

式中　　S——辊缝仪显示的辊缝值；

P——轧制力；

P_0——预压靠力；

C_P——轧机纵向刚度系数；

C_w——弯辊力纵向刚度系数；

F——弯辊力；

G——辊缝零位；

O——油膜轴承油膜厚度。

H——带钢出口厚度；

h——带钢入口厚度；

τ_b——后张应力；

τ_f——前张应力；

μ——变形区摩擦系数。

公式(6-1)和公式(6-2)可以看出，对于带钢生产过程而言，其板形模型和厚度模型均为多变量非线性方程，且存在着耦合关系。由于在带钢轧制的生产过程中，各种轧制参数的调节及其变化不是线性的，给分析和控制增加了难度。通常采用的方法是考虑主要影响因素和可控制变量，并在工作点附近进行小增量线性化处理。处理后的系统可描述为[88]：

$$\delta CR = \frac{\delta P}{K_P} + \frac{\delta F}{K_w} \tag{6-4}$$

$$\delta h = \delta S + \frac{\delta P}{C_P} + \frac{\delta F}{C_w} \tag{6-5}$$

由于 P 是 H、h、τ_b、τ_f、μ 的函数,且在轧机的任一道次的轧制过程中 τ_b、τ_f、μ 保持常数,采用小增量线性化对 P 进行处理,处理后 P 可描述为[88]:

$$\delta P = \frac{\partial P}{\partial H}\delta H + \frac{\partial P}{\partial h}\delta h \tag{6-6}$$

又由于 $\frac{\partial P}{\partial h} = -Q$,且 $\frac{\partial P}{\partial H} = Q$ 轧件塑性刚度系数,文献[88]忽略来料厚度的影响,只考虑可以控制的弯辊力和辊缝的影响,得到板形板厚耦合简化控制模型:

$$\begin{cases} \delta CR = C_S\delta S + C_F\delta F \\ \delta h = A_S\delta S + A_F\delta F \end{cases} \tag{6-7}$$

式中　　$A_S = C_P/(C_P + Q)$;
　　　　$A_F = C_P/(C_w(C_P + Q))$;
　　　　$C_S = -C_P Q/(K_P(C_P + Q))$;
　　　　$C_F = -C_P Q/(K_P C_w(C_P + Q)) + 1/K_w$。

景鹏以国内某冷连轧机组为研究对象,采集现场生产数据,依据现场工艺参数和实验数据分析,得到板形板厚综合系统的简化数学模型为[88]:

$$\begin{bmatrix} \delta CR \\ \delta h \end{bmatrix} = \begin{bmatrix} \dfrac{-0.0006367e^{-0.55s}}{0.000112s^2 + 0.022s + 1} & \dfrac{-0.07616e^{-0.5s}}{0.00016s^2 + 0.028s + 1} \\ \dfrac{-0.00009973e^{-0.55s}}{0.000112s^2 + 0.022s + 1} & \dfrac{0.2972e^{-0.5s}}{0.00016s^2 + 0.028s + 1} \end{bmatrix} \begin{bmatrix} \delta F \\ \delta S \end{bmatrix}$$

$$\tag{6-8}$$

6.2　板形板厚系统仿真实验

6.2.1　控制方案描述

板形板厚系统单位反馈控制逆解耦 PI 解耦控制系统如图 6-1 所示。

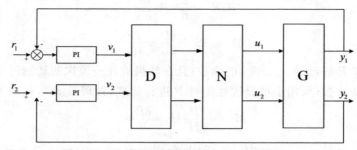

图 6-1   板形板厚系统逆解耦 PI 解耦控制系统

其中：r_i 为设定值输入，y_i 为系统输出，u_i 为控制信号，v_i 为 PI 控制器输出，$G = \begin{bmatrix} g_{ij} \end{bmatrix}_{2 \times 2}$ 为板形板厚系统模型，$D = \begin{bmatrix} d_{ij} \end{bmatrix}_{2 \times 2}$ 为逆解耦控制器矩阵，N 为补偿矩阵，$i, j = 1, 2$。

6.2.2   逆解耦方案设计

考察板形板厚综合系统数学模型，根据 5.2 逆解耦方案设计步骤，通过观察设计时滞补偿矩阵 N_θ：

$$N_\theta = diag(1, e^{-0.05s}) \tag{6-9}$$

补偿后控制对象 $G_N(s)$ 为：

$$G_N(s) = \begin{bmatrix} \dfrac{-0.0006367e^{-0.55s}}{0.000112s^2 + 0.022s + 1} & \dfrac{-0.07616e^{-0.55s}}{0.00016s^2 + 0.028s + 1} \\ \dfrac{-0.00009973e^{-0.55s}}{0.000112s^2 + 0.022s + 1} & \dfrac{0.2972e^{-0.55s}}{0.00016s^2 + 0.028s + 1} \end{bmatrix}$$

$$\tag{6-10}$$

根据公式（4-2）构造逆解耦矩阵 $D(s)$：

$$D(s) = \begin{bmatrix} 1 & \dfrac{0.07616(0.000112s^2 + 0.022s + 1)}{0.0006367(0.00016s^2 + 0.028s + 1)} \\ \dfrac{-0.00009973(0.00016s^2 + 0.028s + 1)}{0.2972(0.000112s^2 + 0.022s + 1)} & 1 \end{bmatrix}^{-1}$$

$$\tag{6-11}$$

求取 $D(s)$ 一个不可简约的右 MFD：

$$D(s) = N_1(s)D_1^{-1}$$

$$N_1(s) = \begin{bmatrix} (0.000112s^2 + 0.022s + 1) & 0 \\ 0 & (0.00016s^2 + 0.028s + 1) \end{bmatrix}$$

$$D_1 = \begin{bmatrix} (0.000112s^2 + 0.022s + 1) & \dfrac{0.07616}{0.0006367}(0.000112s^2 + 0.022s + 1) \\ \dfrac{-0.00009973}{0.2972}(0.00016s^2 + 0.028s + 1) & (0.00016s^2 + 0.028s + 1) \end{bmatrix}$$

$$(6\text{-}12)$$

$D(s)$ 的特征多项式为：

$$\det(D_1(s)) = 0 \qquad\qquad (6\text{-}13)$$

$D(s)$ 的极点为：

$$\{-125, -50, -1959.7 - 4.5560\} \qquad (6\text{-}14)$$

逆解耦矩阵 $D(s)$ 的所有极点均具有负实部，$D(s)$ 满足 BIBO 稳定。

取 $G_N(s)$ 的主对角各元素为解耦目标函数 $Q(s)$，对 $Q(s)$ 采用 DDE 方法整定 PI 控制器参数：

$$Q(s) = diag(\frac{-0.0006367e^{-0.55s}}{0.000112s^2 + 0.022s + 1}, \frac{0.2972e^{-0.55s}}{0.00016s^2 + 0.028s + 1})$$

$$k_{p1} = -218.1818 \quad k_{i1} = -1636.3636$$
$$k_{p2} = \quad\ 0.3468 \quad\ k_{i2} = 3.0984$$

$$(6\text{-}15)$$

6.2.3　仿真实验

在控制器相同情况下，对本文逆解耦控制方法与广泛应用的分散控制方法进行仿真对比，仿真实验由解耦性能比较、标称系统的输出动态响应和摄动系统的性能鲁棒性分析三部分组成。

1) 解耦性能比较

对板形板厚系统的板形控制通道输入幅度为 10，频率为 1rad/s 的正弦信号，考察对板厚通道的扰动；对板厚控制通道输入幅度为 0.2mm，周期为 8s 的方波信号，考察对板形通道的扰动。得到的输出响应如图 6-2 所示。

从图 6-2 中可清晰看出，分散控制中，两通道中有明显耦合干扰，扰动的幅值可达到输入幅值的 $10\% \sim 20\%$；而在本文逆解耦控制中，解耦效果显著，两路输出响应之间几乎完全解耦。

2) 标称系统输出动态响应

对板形板厚系统的标称系统依次分别加入两路单位阶跃输入信号，得到仿真结果如图 6-3 所示。

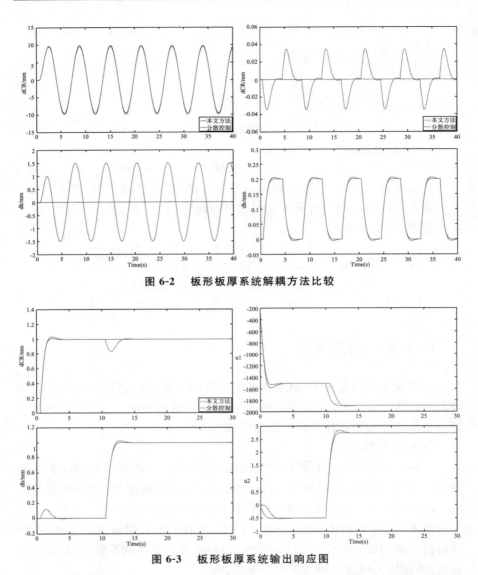

图 6-2　板形板厚系统解耦方法比较

图 6-3　板形板厚系统输出响应图

由图 6-3 中可见,本文方法的标称系统给定值响应平稳,可实现动态解耦,在控制量相近的情况下性能指标明显优于分散控制。IAE 指标统计见表6-1。

表 6-1　IAE 指标值统计

方法	IAE1	IAE2	Sum
本文	0.9813	1.0940	2.0753
分散控制	1.2620	1.2836	2.5456

3）摄动系统的性能鲁棒性分析

确定板形板厚系统模型参数变化区间为标称模型参数上下 10%，实验次数 $N = 300$，进行 Monte Carlo 实验，检验控制方案在被控对象存在不确定性情况下的性能鲁棒性，结果见图 6-4。

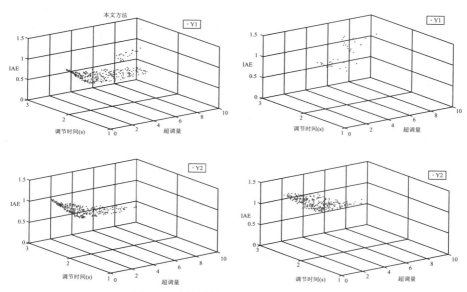

图 6-4　板形板厚系统性能鲁棒性分析

由图 6-4 中可见，本文方法的性能鲁棒性要稍好于分散控制。摄动系统性能指标统计见表 6-2。

表 6-2　摄动系统性能指标统计表

方法	y_1 调节时间 / s			y_1 超调量 / %		
	范围	均值	方差	范围	均值	方差
本文方法	$1.40 \sim 2.43$	1.71	0.0532	$0 \sim 8.17$	1.86	3.7739
分散控制	$1.39 \sim 2.71$	1.87	0.1696	$0.66 \sim 11.05$	4.02	5.3871

方法	y_2 调节时间 / s			y_2 超调量 / %		
	范围	均值	方差	范围	均值	方差
本文方法	1.62 ~ 2.47	1.96	0.0456	0 ~ 4.79	0.87	1.2555
分散控制	1.62 ~ 2.43	1.97	0.0343	0 ~ 4.38	1.23	0.7410

6.3　本章小结

　　本章从机理上对带钢板形板厚耦合系统模型进行了分析;针对板形板厚系统综合简化线性模型,设计逆解耦 PI 控制方案与分散控制方法进行仿真对比,仿真结果验证了本文逆解耦方法,在解耦性能方面,可实现完全解耦,在动态特性方面要大大优于分散控制,性能鲁棒性上稍好于分散控制,系统各项指标大大优于分散控制。

7 四水箱液位控制研究

　　液位控制是工业生产过程中的一类常见问题,在冶金工业、食品加工、溶液过滤、化工生产等多种行业的生产加工过程中都需要对液位进行适当控制。在液位控制系统中,最为典型和较难控制的一类对象可归结为四水箱液位控制。四水箱液位控制是典型的多变量控制系统,由于非线性、时变及各输出通道之间存在交联耦合等特性,使得大多数已发展的单变量控制方法很难直接用于多变量过程[30]。

　　多水箱液位控制问题既是典型的多变量控制问题,又是多变量控制概念及其方法进行验证研究时常用的典型问题。Karl Henrik Johansson 等人在 2000 年制造了由四个水箱和一个水槽构成的多输入多输出液位控制实验装置,并给出了实验装置的线性和非线性模型[110],目前该模型常常作为研究和检验多变量控制概念与方法的标准模型。

　　近年来许多学者对水箱液位控制进行仿真和实验研究,目前在国内外教学仪器市场上已经有很多模拟工业贮罐、水箱系统的实验装置,如天煌公司设计制造的 THJ-2 型过程控制实验装置、中控科教仪器公司设计制造的 AE2000 系列、KentRidge Instruments Pte 公司设计制造的 PP-100 双容水箱装置、英国 Feedback Instruments 公司设计制造的 Coupled Tanks 33-040(41) 等实验装置。陈薇,吴刚[111] 基于流体力学理论对水箱系统进行机理分析,建立了水箱的非线性模型,并采用有约束一步非线性预测控制算法实现了闭环控制;张毅成等[112] 基于系统辨识的结果,对自主开发的四水箱实验装置进行了关联分析,采用基于前馈补偿的全解耦方法提高了系统的控制性能;黄慎之、顾训和胡骞[113] 设计了一种用于实验室的液位过程控制系统,将计算机仿真技术运用于科学实验中;文献[114] 针对一个稳定的四水箱系统,采用滑模算法设计控制器对水箱实验装置进行了控制,获得了相对于传统控制良好的控制效果;Zhang 等[115] 在实际四水箱实验装置上,采用反步法(Backstepping) 设计分散 PID 控制方案,实验结果表明,该方法能使系统动态性能得到明显改善,抗扰能力显著增强,提高了水箱控制系统的控制性能。

　　本章首先以英国 feedback Instruments 公司 2007 年开发的 Coupled Tanks 33-040s 为例,介绍了四水箱实验装置,并给出四水箱的非线性和线性模型。针对四水箱的线性模型,本文基于前馈补偿的全解耦方法设计解耦控制矩阵,对解耦后目标函数采用 DDE 方法整定 PI 控制器参数;将该方法应用于几个典型四水箱模型进行仿真研究;为了检验本文方法的工程实用性,把该方法应用于 Coupled Tanks 33-040s 实验装置,进行了解耦和实时液位控制实验。实验结果表明,本文方法有效地提高了四水箱关联系统的控制性能,验证了本文方法的有效性和实用性。

7.1　　水箱液位控制问题描述

7.1.1　　Feedback 四水箱实验装置介绍

　　Feedback 33-040s Coupled Tanks[116] 水箱实验装置结构示意图如图 7-1,水箱实验装置实物如图 7-2,水箱示意图如图 7-3。

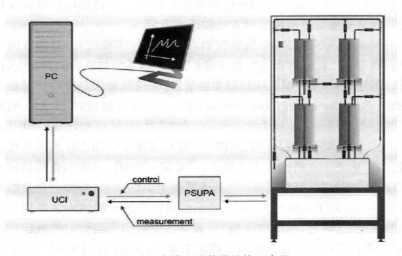

图 7-1　　水箱实验装置结构示意图

图 7-2 水箱实验装置

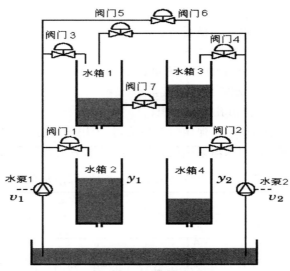

图 7-3 水箱示意图

各水箱之间的水流耦合关系,可以通过手动调节阀门 7 进行调整。将阀门 3、4、7 打开,Feedback 水箱可以描述为图 7-4 所示的系统,该系统为典型的双输入双输出非线性系统,存在较强的关联耦合。阀门 7 关闭时,系统简化为两个独立的单输入单输出非线性系统。

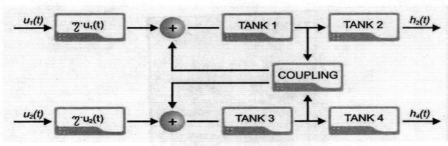

图 7-4　水箱工作原理图

7.1.2　Feedback 四水箱数学模型

对于单水箱，满足物料平衡关系[111]：

$$A \frac{\mathrm{d}h}{\mathrm{d}t} = -q_{out} + q_{in} \tag{7-1}$$

$$q_{out} = a \sqrt{2gh} \tag{7-2}$$

式中　A—— 水箱的横截面积；

　　　h—— 水箱液位；

　　　q_{in}—— 水箱的进水流量；

　　　q_{out}—— 水箱的出水流量；

　　　a—— 流出孔的截面积；

将阀门 3、4、7 打开，其他阀门保持关闭，采用伯努力法则建立出口流量的数学模型，则描述四水箱系统的非线性的动态平衡方程为：

$$\frac{\mathrm{d}h_1(t)}{\mathrm{d}t} = -\frac{a_1}{A} \sqrt{2gh_1(t)} + \eta u_1(t) - \frac{a_{13}}{A} \sqrt{2g(h_1(t) - h_3(t))} \tag{7-3}$$

$$\frac{\mathrm{d}h_2(t)}{\mathrm{d}t} = \frac{a_1}{A} \sqrt{2gh_1(t)} - \frac{a_2}{A} \sqrt{2gh_2(t)} \tag{7-4}$$

$$\frac{\mathrm{d}h_3(t)}{\mathrm{d}t} = -\frac{a_3}{A} \sqrt{2gh_3(t)} + \eta u_2(t) + \frac{a_{13}}{A} \sqrt{2g(h_1(t) - h_3(t))} \tag{7-5}$$

$$\frac{\mathrm{d}h_4(t)}{\mathrm{d}t} = \frac{a_3}{A} \sqrt{2gh_3(t)} - \frac{a_4}{A} \sqrt{2gh_4(t)} \tag{7-6}$$

通过选取控制电压 u_{10}, u_{20}，确定水箱的静态工作点 $h_{10}, h_{20}, h_{30}, h_{40}$，在静态工作点处，对上面非线性方程线性化：

$$\Delta H_1(s) = \frac{\eta}{s + (k_1 + k_{13})} \Delta U_1(s) + \frac{k_{13}}{s + (k_1 + k_{13})} \Delta H_3(s) \tag{7-7}$$

$$\Delta H_2(s) = \frac{k_1}{s+k_2}\Delta H_1(s) \tag{7-8}$$

$$\Delta H_3(s) = \frac{\eta}{s+(k_3+k_{13})}\Delta U_1(s) + \frac{k_{13}}{s+(k_3+k_{13})}\Delta H_1(s) \tag{7-9}$$

$$\Delta H_4(s) = \frac{k_3}{s+k_4}\Delta H_3(s) \tag{7-10}$$

其中：

$$\begin{cases} k_1 = \dfrac{a_1 g}{A\ \sqrt{2gh_{10}}},\ k_2 = \dfrac{a_2 g}{A\ \sqrt{2gh_{20}}},\ k_3 = \dfrac{a_3 g}{A\ \sqrt{2gh_{30}}} \\[3mm] k_4 = \dfrac{a_4 g}{A\ \sqrt{2gh_{40}}},\ k_{13} = \dfrac{a_{13} g}{A\ \sqrt{2g(h_{10}-h_{30})}} \end{cases} \tag{7-11}$$

对上面公式进行整理，得到四水箱的线性传递函数如下：

$$\begin{bmatrix} H_2(s) \\ H_4(s) \end{bmatrix} = \begin{bmatrix} g_{11}(s) & g_{12}(s) \\ g_{21}(s) & g_{22}(s) \end{bmatrix} \begin{bmatrix} U_1(s) \\ U_2(s) \end{bmatrix} \tag{7-12}$$

其中：

$$\begin{cases} g_{11}(s) = \dfrac{k_1}{s+k_2}\ \dfrac{\eta[s+(k_3+k_{13})]}{[s+(k_1+k_{13})][s+(k_3+k_{13})]-k_{13}^2} \\[4mm] g_{12}(s) = \dfrac{k_1}{s+k_2}\ \dfrac{\eta k_{13}}{[s+(k_1+k_{13})][s+(k_3+k_{13})]-k_{13}^2} \\[4mm] g_{21}(s) = \dfrac{k_3}{s+k_4}\ \dfrac{\eta k_{13}}{[s+(k_1+k_{13})][s+(k_3+k_{13})]-k_{13}^2} \\[4mm] g_{22}(s) = \dfrac{k_3}{s+k_4}\ \dfrac{\eta[s+(k_1+k_{13})]}{[s+(k_1+k_{13})][s+(k_3+k_{13})]-k_{13}^2} \end{cases}$$

$$\tag{7-13}$$

7.1.3　控制方案描述

针对四水箱系统，设计预期动态解耦控制系统如图 7-5 所示。

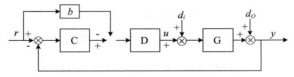

图 7-5　预期动态解耦控制系统

其中：r 为 2 维设定值输入向量，y 为 2 维系统输出向量，u 为 2 维控制向量，b 为 2 阶实对角控制矩阵，C 为 2 阶对角 PI 控制器矩阵，D 为 2 阶解耦矩阵，G 为四水箱系统线性模型，d_i 和 d_o 为被控过程输入侧和输出侧的 2 维负载干扰信号。

7.1.4 解耦控制器设计

1) 解耦矩阵设计

实际生产中常见的双输入双输出过程传递函数矩阵的辨识模型一般为：

$$G(s) = \begin{bmatrix} g_{11}(s) & g_{12}(s) \\ g_{21}(s) & g_{22}(s) \end{bmatrix} \tag{7-14}$$

式中　　$g_{ij} = k_{ij} g_{oij}(s)$，$k_{ij}$ 是稳态增益实系数；

　　　　$g_{oij(s)}$ 是稳定正则的无时滞有理部分，$i, j = 1, 2$。

本文在线性传递函数的基础上，采用文献[44]基于前馈补偿的全解耦方法设计解耦矩阵，解耦控制器矩阵为：

$$D(s) = \begin{bmatrix} 1 & d_{12}(s) \\ d_{21}(s) & 1 \end{bmatrix} \tag{7-15}$$

根据前馈补偿原理，可以设计前馈控制器：

$$d_{12}(s) = -\frac{g_{12}}{g_{11}} \tag{7-16}$$

$$d_{21}(s) = -\frac{g_{21}}{g_{22}} \tag{7-17}$$

对模型未知系统，可通过机理分析法或系统辨识的方法建模，建立模型后，依照公式(7-16)、(7-17)进行前馈补偿的全解耦控制器矩阵的设计。

2) 预期动态法(DDE)

预期动态法(DDE)PI整定公式为：

$$\begin{cases} k_{pi} = (h_{0i} + 10)/l_i, k_{ii} = 10 h_{0i}/l_i \\ b_i = 10(1 - \alpha_i)/l_i, \quad (i = 1, 2) \end{cases} \tag{7-18}$$

式中　　h_{oi} —— 预期动态特性参数；

　　　　l_i —— 比例调节系数；

　　　　α_i —— 二自由度调节系数。

预期动态法 PI 参数按上式选取，则被控过程的单位反馈闭环传递函数近似为：

$$\frac{y_i(s)}{r_i(s)} = \frac{h_{0i}}{h_{0i} + s} \ (i = 1, 2) \tag{7-19}$$

本文对 DDE 方法的参数整定规则进行了改进，具体步骤如下：

① 设计预期动态特性方程，根据预期的调节时间(t_s)和超调量($\sigma\%$)，选择预期动态特性参数 h_{oi}；

② 令 $\alpha_i = 1$,然后通过实验选取比例调节系数 l_i,按公式(7-18)整定 PI 参数;

③ 将所得 PI 控制器应用于实际模型进行实验,如果系统性能接近或满足要求转入 ④;否则返回 ①;

④ 在实验中通过调节系数 α_i,考察系统的动态特性和抗扰特性,整定参数 b_i。

3) 性能鲁棒性评价性

在对控制系统的性能鲁棒性评价时,考虑到仿真和实验的不同特点,对四水箱进行仿真研究时,采用 Mente-Carlo 原理进行系统性能鲁棒性评价;对四水箱进行实验验证时,采用小增益定理来对控制系统鲁棒性进行分析。

由图 7-5 可以推导出输入 r, d_i 到输出 y 和 u 的传递函数阵:

$$\begin{bmatrix} y \\ u \end{bmatrix} = \begin{bmatrix} PGDC - PGDb & PG \\ DCP - DCPC^{-1}b - DCPG \end{bmatrix} \begin{bmatrix} r \\ d_i \end{bmatrix} \tag{7-20}$$

$$P = (I + GDC)^{-1} \tag{7-21}$$

在标称情况下,系统保持稳定的充要条件是传递函数矩阵中任意一个元素都稳定[13][52]。考虑到被控对象 G 稳定非奇异,b 为 2 阶实对角控制矩阵,上述条件等价为 $(I + GDC)^{-1}$ 稳定。因此,将设计得到的控制器 C 代入公式(7-21)中,可判断标称系统的稳定性。

控制系统中的不确定的来源是多方面的,如参数的测量误差、参数的辨识误差、参数测量值与标称值的偏差、工况变动的影响等等。在多变量系统鲁棒稳定性分析中,常采用加性不确定性 Δ_G 和乘性不确定性 Δ_l,把参数不确定性的效应归结为传递函数的不确定性,如图 7-6 所示。

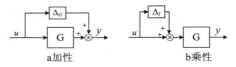

图 7-6 不确定性结构图

分析控制系统的鲁棒稳定性通常采用标准 $M - \Delta$ 结构,结合图 7-5 可以分别推导出不确定性 Δ_G, Δ_l 输出端到其输入端的传递函数矩阵:

$$\begin{cases} M_G = -DC(I + GDC)^{-1} \\ M_l = -DC(I + GDC)^{-1}G \end{cases} \tag{7-22}$$

在 Δ_G 和 Δ_l 稳定正则条件下,根据小增益定理和广义 Nyquist 稳定判据之间的等价关系[13][54],可以得出闭环控制系统保持鲁棒稳定性的充要条件是:

$$\begin{cases} \rho(M_G \Delta_G) < 1, & \forall \omega \in [0, \infty) \\ \rho(M_l \Delta_l) < 1, & \forall \omega \in [0, \infty) \end{cases} \tag{7-23}$$

通过观察谱半径幅值曲线的峰值是否小于 1 来判定，也为控制器矩阵 C 参数整定提供了依据。对于实际中指定摄动强度不确定性 Δ_G 和 Δ_I，可以利用公式（7-23）直观地评估控制系统的鲁棒稳定性。

7.2　四水箱仿真研究

Karl Henrik Johansson 等人设计制造了四水箱实验装置，并给出了实验装置的线性模型，Johansson 模型已成为研究和验证多变量控制方法的标准模型。许多学者在四水箱模型上进行了研究，从控制方式来看，文献[110]采用分散 PI 控制器进行控制，利用不同的方法整定 PI 参数，这些方法简单实用，但解耦效果并不理想。Astrom[117] 提出一种针对二输入二输出对象的改良分散 PI 控制器结合静态解耦器的控制方案，在 K. H. Johansson 标准模型上进行了仿真实验，结果表明该方法可对各回路水位达到有效控制；Chen[58] 等用改进逆解耦方法对四水箱进行仿真实验，取得不错控制效果；文献[118] 采用定量反馈理论（Quantitive Feedback Theory）设计了一种鲁棒控制器，在 K. H. Johansson 标准水箱模型上，验证了该方法对线性模型设计的控制系统在非线性模型上的适用性；文献[119] 提出一种基于二次价值函数（Quadratic Cost Function）的反馈最小－最大模型预估控制方法，并在 K. H. Johansson 标准水箱模型上进行了仿真实验，验证了算法的有效性；姜英妹，张井岗[120] 对水箱液位系统采用双闭环串级控制，设计出基于 dSPACE 的水箱液位控制系统，验证了多变量控制策略和设计方法的有效性。

本节对几个典型四水箱模型进行了仿真研究，采用预期动态法结合前馈补偿的全解耦控制器矩阵，设计整定 PI 控制系统，并利用 Monte-Carlo 随机实验方法进行性能鲁棒性分析。检验本文设计方法的有效性和实用性。

7.2.1　仿真实例 1

例 1　研究 Johansson 标准水箱模型：

$$G_1(s) = \begin{bmatrix} \dfrac{2.6}{1+62s} & \dfrac{1.5}{(1+23s)(1+62s)} \\ \dfrac{1.4}{(1+30s)(1+90s)} & \dfrac{2.8}{1+90s} \end{bmatrix} \tag{7-24}$$

Johansson[110][121] 针对该模型，设计分散 PI 控制器进行控制，控制效果良好。王维杰[68] 采用预期动态法（DDE）为 Johansson 标准水箱模型设计整定了分散 PI 控制系统,系统的动态性能得到改善。但分散控制无法完全补偿水箱内部的耦合,所能达到的系统性能指标还比较低。本文根据公式(7-16)、(7-17) 设计前馈解耦矩阵,对解耦后的目标函数采用 DDE 整定 PI 控制器参数,同上面两种方案进行比较,并利用 Monte-Carlo 随机实验方法进行性能鲁棒性分析。三种方法的控制方案参数见表 7-1。

表 7-1　控制方案参数

方法	控制器参数
Johansson	$k_{p11} = 3, k_{i11} = 3/30$ $k_{p22} = 2.7, k_{i22} = 2.7/40$
DDE	$k_{p11} = 10.15, k_{i11} = 1.5, b1 = 1$ $k_{p22} = 10.05, k_{i22} = 0.5, b2 = 0$
Proposed	$k_{p11} = 16.32, k_{i11} = 3.2, b1 = 16$ $k_{p22} = 16.23, k_{i22} = 2.32, b2 = 16$ $d_{11} = 1, d_{12} = \dfrac{-1.5/2.6}{1+23s}$ $d_{21} = \dfrac{-1.4/2.8}{1+90s}, d_{22} = 1$

① 标称系统输出动态响应

标称系统在 $t = 0\text{s}, 200\text{s}$ 分别加入两路单位阶跃给定值输入信号,其中控制量限幅为 $[0,5]V$。得到仿真结果如图 7-7 所示。

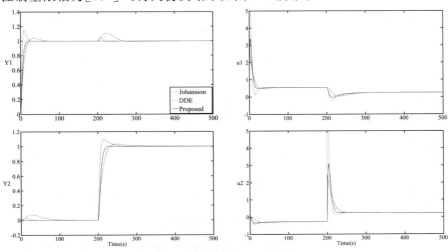

图 7-7　系统输出响应图

由图 7-7 中可见,Johansson 方法调节时间较长,有超调,解耦效果较差;DDE 方法超调量大,两路输出响应有干扰,解耦效果一般,且控制量在设定值输入时刻都达到和超过限幅;本文方法下标称系统给定值响应平稳,超调量小,调节时间短,两路输出响应之间几乎完全解耦。

② 摄动系统的性能鲁棒性分析

确定被控对象参数随机取值区间为标称模型参数上下 10%,实验次数 $N = 300$,进行 Monte Carlo 实验,检验控制器在被控对象存在不确定性情况下的性能鲁棒性。结果见图 7-8。

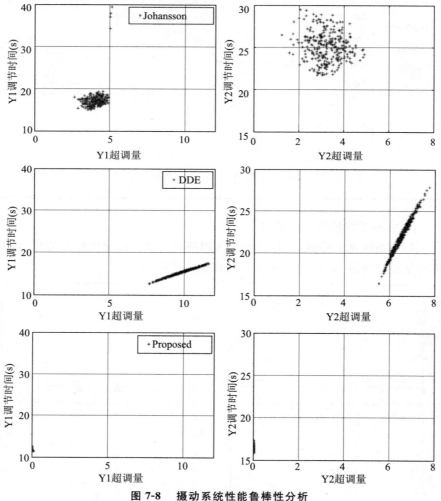

图 7-8　摄动系统性能鲁棒性分析

由图 7-8 中可见,本文方法下系统的性能鲁棒性最好,DDE 方法次之,

Johansson 方法较差。摄动系统性能指标统计见表 7-2。

表 7-2　摄动系统性能指标统计表

方法	y_1 调节时间 / s			y_1 超调量 / %		
	范围	均值	方差	范围	均值	方差
Johansson	$14.94 \sim 39.36$	17.32	6.2398	$2.64 \sim 5.12$	4.0492	0.2185
DDE	$12.62 \sim 17.38$	15.34	1.1043	$7.67 \sim 11.61$	9.8335	0.8002
Proposed	$11.45 \sim 12.63$	12.03	0.0721	$0 \sim 0.15$	0.0046	2.5647e-004
方法	y_2 调节时间 / s			y_2 超调量 / %		
	范围	均值	方差	范围	均值	方差
Johansson	$21.72 \sim 29.48$	25.08	2.9547	$1.23 \sim 4.91$	3.2076	0.4367
DDE	$16.45 \sim 27.88$	22.01	4.3981	$5.52 \sim 7.76$	6.5317	0.1712
Proposed	$15.84 \sim 17.35$	16.61	0.1225	$0 \sim 0.0385$	0.015	4.4266e-005

7.2.2　仿真实例 2

例 2　研究 Córdoba 大学实验室四水箱模型：

$$G_2(s) = \begin{bmatrix} \dfrac{0.3284}{184.5s+1} & \dfrac{0.2454}{(184.5s+1)(535.1s+1)} \\ \dfrac{0.2457}{(185s+1)(503.2s+1)} & \dfrac{0.3378}{185s+1} \end{bmatrix}$$

$$(7\text{-}25)$$

该四水箱模型来源于 Córdoba 大学计算机科学系的实验室，文献[56]采用逆解耦的方法对这个右半平面没零点的四水箱模型进行解耦，对解耦后的目标函数采用内模方法进行控制器参数整定，用这种方法（IDC-IMC）对该模型进行了仿真研究，取得很好的控制效果。本文设计前馈解耦矩阵，对解耦后的目标函数采用 DDE 整定了 PI 控制器参数，在控制量几乎相同，动态性能相近的情况下，利用 Monte-Carlo 随机实验方法对两种解耦方法进行性能鲁棒性分析。两种方法的控制方案参数见表 7-3。

① 标称系统输出动态响应

标称系统分别加入两路幅值为 5 阶跃给定值输入信号，得到仿真结果如图 7-9 所示。由图 7-9 可见，两种控制方法解耦效果都很好，控制量几乎相同，本文方法动态性能稍好。

表 7-3   控制方案参数

方法	控制器参数
IDC-IMC	$k_{p11} = 4.68, k_{i11} = 4.68/184.4$ $k_{p22} = 4.56, k_{i22} = 4.56/185$ $Dd(s) = I$ $do_{12} = \dfrac{-0.2454/0.3284}{1 + 535.1s}$ $do_{21} = \dfrac{-0.2457/0.3378}{1 + 503.2s}$
Proposed	$k_{p11} = 12.0044, k_{i11} = 0.1333, b1 = 12$ $k_{p22} = 13.0962, k_{i22} = 0.1587, b2 = 13.0909$ $d_{11} = 1, d_{12} = \dfrac{-0.2454/0.3284}{1 + 535.1s}$ $d_{21} = \dfrac{-0.2457/0.3378}{1 + 503.2s}, d_{22} = 1$

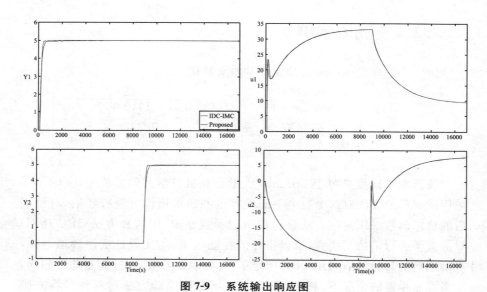

图 7-9   系统输出响应图

② 摄动系统的性能鲁棒性分析

确定被控对象参数随机取值区间为标称模型参数上下 10%，实验次数 $N = 300$，进行 Monte Carlo 实验，检验控制器在被控对象存在不确定性情况下的性能鲁棒性。结果见图 7-10。

由图 7-10 中可见，本文方法下系统的性能鲁棒性好，IDC-IMC 方法较差。摄动系统性能指标统计见表7-4。

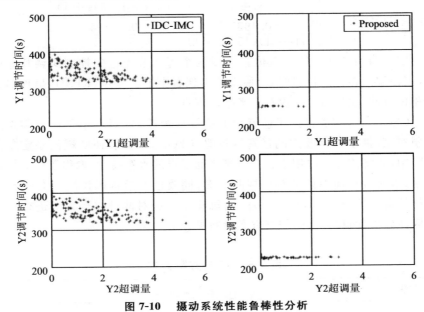

图7-10 摄动系统性能鲁棒性分析

表7-4 摄动系统性能指标统计表

方法	y_1 调节时间 / s			y_1 超调量 / %		
	范围	均值	方差	范围	均值	方差
IDC-IMC	311.54 ～ 418.19	358.25	664.75	0 ～ 1.04	0.1791	0.0596
Proposed	244.26 ～ 260.5	251.97	16.09	0 ～ 0.35	0.0069	0.0013
方法	y_2 调节时间 / s			y_2 超调量 / %		
	范围	均值	方差	范围	均值	方差
IDC-IMC	317.87 ～ 451.66	363.09	702.07	0 ～ 1.05	0.1666	0.0498
Proposed	217.95 ～ 232.07	224.84	12.56	0 ～ 0.61	0.0341	0.0102

7.2.3 仿真实例3

例3 研究右半平面有零点的水箱模型[122]：

$$G_3(s) = \begin{bmatrix} \dfrac{0.1987}{65s+1} & \dfrac{0.3779}{(65s+1)(34s+1)} \\[3mm] \dfrac{0.4637}{(54s+1)(45.3s+1)} & \dfrac{0.16194}{54s+1} \end{bmatrix} \quad (7\text{-}26)$$

四水箱的模型中的零点位置会随两个可调节流量的控制阀调整而改变,当控制阀在特定位置时,会使系统出现右半平面零点(RHP),呈现出最小相位特性。模型 $G_3(s)$ 含有右半平面零点($s = 0.034$)。

Chen[58] 完善并推广了逆解耦器的设计策略,针对右半平面有零点的控制对象,提出一种改进的逆解耦策略(Chen),来突破逆解耦的稳定条件的限制,并将该方案应用于含有右半平面零点的水箱模型,取得了较好控制效果。本文设计简单前馈解耦控制方案,同改进的逆解耦控制方案(Chen)进行仿真比较,利用 Monte-Carlo 随机实验方法对两种解耦方法进行性能鲁棒性分析。两种方法的控制方案参数见表 7-5。

表 7-5 控制方案参数

方法	控制器参数
Chen	$k_{p11} = -2.1071, k_{i11} = -2.1071/128.2618, k_{p12} = 2.6803,$ $k_{i11} = 2.6803/80.0726$ $k_{p21} = 3.9026, k_{i22} = 3.9026/82.9618, k_{p22} = -2.0077,$ $k_{i22} = -2.0077/114.0726$
Proposed	$k_{p11} = -0.2671, k_{i11} = -0.0041, b1 = 0.2667$ $k_{p22} = -0.3005, k_{i22} = -0.0055, b2 = 0.3000$ $d_{11} = 1, d_{12} = \dfrac{-0.3779/0.1987}{1+34s}$ $d_{21} = \dfrac{-0.4637/0.16194}{1+45.3s}, d_{22} = 1$

① 标称系统输出动态响应

标称系统在 $t = 100\text{s}, 1500\text{s}$ 分别加入两路幅值为 4 阶跃给定值输入信号,得到仿真结果如图 7-11 所示。

由图 7-11 中可见,Chen 方法超调量大,无法完全消除两通道的耦合,解耦效果较差,且控制量在给定值输入时刻比较大;本文方法两路输出响应几乎完全解耦,标称系统给定值响应平稳、超调量小且控制量比较平稳。

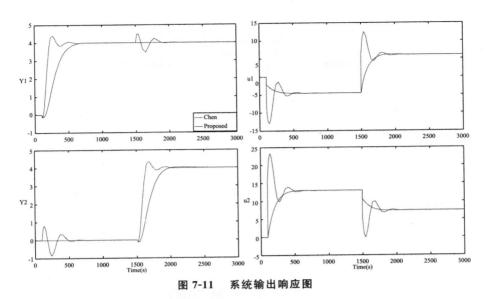

图 7-11　系统输出响应图

② 摄动系统的性能鲁棒性分析

确定被控对象参数随机取值区间为标称模型参数上下 10%，实验次数 $N = 300$，进行 Monte Carlo 实验，检验控制器在被控对象存在不确定性情况下的性能鲁棒性。结果见图 7-12。图 7-12 中清晰表明，本文方法性能鲁棒性明显优于 Chen 方法。摄动系统性能指标统计见表 7-6。

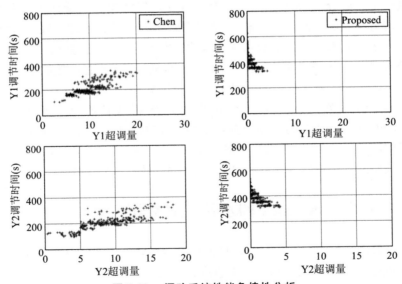

图 7-12　摄动系统性能鲁棒性分析

表 7-6　摄动系统性能指标统计表

方法	y_1 调节时间 / s			y_1 超调量 / %		
	范围	均值	方差	范围	均值	方差
Chen	$103.85 \sim 346.38$	215.47	2532.9	$2.57 \sim 20.07$	10.4144	9.9956
Proposed	$326.21 \sim 623.79$	428.32	4497.2	$0 \sim 4.18$	0.7139	0.8302
方法	y_2 调节时间 / s			y_2 超调量 / %		
	范围	均值	方差	范围	均值	方差
Chen	$98.22 \sim 357.27$	209.02	2860.2	$0.34 \sim 18.215$	8.9125	12.1998
Proposed	$305.28 \sim 529.51$	387.08	2558.2	$0 \sim 4.21$	1.0939	1.0697

7.3　四水箱实验

近年来许多学者对一个或多个水箱液位控制进行实验研究,不同研究者采用的实验装置都不尽相同。有标准化的教学用四水箱实验装置,还有一些研究者自行开发的实验装置。张毅成等[112] 对自主开发了四水箱实验装置进行了关联分析;文献[123] 针对双直立水箱实验系统设计了一种基于变状态滑动表面的滑模控制器;王志新等[124][125] 模拟实际生产过程设计了随机入水的单水箱供液实验系统和双水箱排液实验系统,并研究了模型的能控能观性;Zhang 等[115] 在实际四水箱实验装置上,把基于反步法(Backstepping) 的分散 PID 设计方法进行了验证。

本节借助英国 Feedback 公司提供的水箱液位控制实验装置,对 Coupled Tanks 33-040s 实验装置自带的 PI 控制器方案进行了改进,本文设计了解耦控制器方案,并进行了解耦和实时液位控制实验,有效地提高了四水箱关联系统的控制性能,验证本文方法的有效性和实用性。

7.3.1　Feedback 四水箱关联分析

将阀门 7 打开,给水箱注水,待液面稳定后,300 秒时关闭阀门 7,600 秒时重新打开阀门 7,记录水箱 2、4 的液面变化如下图 7-13。

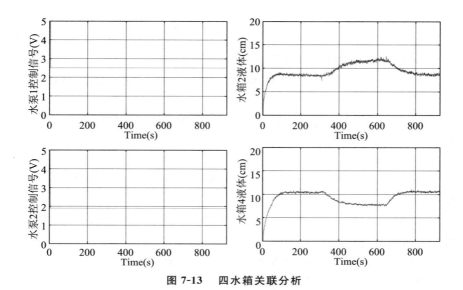

图 7-13 四水箱关联分析

阀门 7 打开时, Feedback 四水箱为双输入双输出非线性系统。关闭阀门 7, 系统为两个独立的单输入单输出非线性系统。水箱 2、4 的液面的变化越大, 说明水箱的关联耦合越强。从图 7-13 中可清晰看出, 阀门 7 开关时, 水箱 2、4 的液面均有 30% 变化, 说明 Feedback 四水箱在阀门 7 打开时为强耦合系统。

7.3.2 Feedback 四水箱解耦控制

根据前馈补偿原理, 依据公式(7-13)、(7-16)和(7-17)设计解耦矩阵。为检验解耦矩阵解耦性能, 对解耦控制方案和多回路控制方案进行实验对比, 实验数据见表 7-7。

表 7-7 实验数据

静态工作点	解耦矩阵
$v_{10} = 2.5\text{V}, v_{20} = 1.9\text{V}$ $h_{10} = 7.9\text{cm}, h_{30} = 4.4\text{cm}$ $h_{20} = 7.2\text{cm}, h_{40} = 9.0\text{cm}$	$\begin{bmatrix} 1 & \dfrac{0.53}{12.34s+1} \\ \dfrac{0.6}{14s+1} & 1 \end{bmatrix}$

实验步骤如下:

① 多回路控制

200 秒时给水泵 1 一个 0.6V 阶跃信号,600 秒时去掉阶跃信号,记录水箱 2、4 的液面变化如图 7-14a 所示。

200 秒时给水泵 2 一个 0.6V 阶跃信号,600 秒时去掉阶跃信号,记录水箱 2、4 的液面变化如图 7-14b 图所示。

由图 7-14 可明显看出,多回路控制时,由于关联耦合的作用,0.6V 阶跃扰动信号对另一通道的扰动范围高达 80% 左右。

② 解耦控制

200 秒时给水泵 1 一个 0.6V 阶跃信号,600 秒时去掉阶跃信号,记录水箱 2、4 的液面变化如图 7-14c 所示。

200 秒时给水泵 2 一个 0.6V 阶跃信号,600 秒时去掉阶跃信号,记录水箱 2、4 的液面变化如图 7-14d 所示。

由图 7-14 可清晰看出,解耦控制时,前馈解耦矩阵解耦效果明显,0.6V 阶跃扰动信号对另一通道的扰动范围只有 5% 左右。

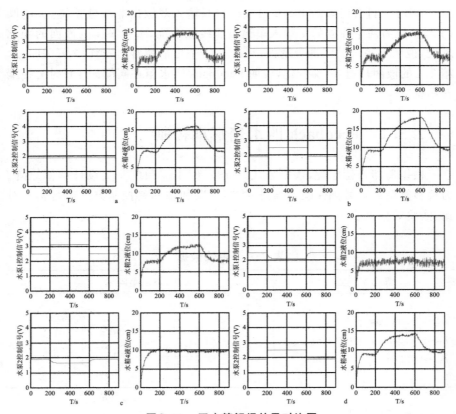

图 7-14　四水箱解耦效果对比图

如图 7-14 所示,a 表示多回路控制下水箱 2、4 在改变水泵 1 控制信号后的液面变化,可以看出在水泵 2 控制信号未改变的情况下,水箱 4 的液面变化仍会随着水箱 2 的变化而发生改变;c 表示解耦控制下水箱 2、4 在改变水泵 1 控制信号后的液面变化,通过比较 a 和 c 发现,在解耦控制下,很好地消除了耦合,水箱 2 的液面改变对水箱 4 的液面影响很小。

与 a 和 c 类似,b 和 d 分别表示多回路控制和解耦控制下水箱 2、4 在改变水泵 2 控制信号后的液面变化,比较 b 和 d 后发现,在解耦控制下,水箱 4 的液面改变对水箱 2 的液面影响很小。

通过上述两组解耦控制效果和多回路控制效果比较的实验表明,前馈补偿控制器组成的前馈网络很好地减弱了强关联系统的耦合,显著提高了关联系统的控制性能。解耦控制可使标称系统各路输出响应之间实现有效解耦。

7.3.3   Feedback 四水箱液面跟随控制

液面跟随控制采用 PI 解耦控制方案。控制系统结构如图 7-15 所示。

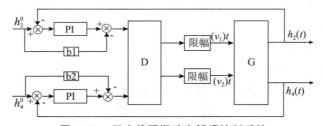

图 7-15   四水箱预期动态解耦控制系统

其中:h_2^0,h_4^0 为水箱 2、4 液面设定输入,$v_1(t)$,$v_2(t)$ 为水泵 1、2 实时控制电压,$h_2(t)$,$h_4(t)$ 为水箱 2、4 的实时液面高度。D 为解耦矩阵,G 为四水箱被控装置,控制量限幅为 $(0 \sim 5)\text{V}$。

本文对四水箱装置设计预期动态法结合前馈补偿的全解耦 PI 控制方案,与系统原有的多回路 PI 方法进行了对比,两种方案的控制器参数见表 7-8。

表 7-8 控制方案参数

	多回路 PI 方法	本文方法
工作点	$h_2^0 = 8\text{cm}, h_4^0 = 10\text{cm}$ $v_1(0) = 1.5\text{V}$ $v_2(0) = 2.5\text{V}$	$h_2^0 = 8\text{cm}, h_4^0 = 10\text{cm}$ $v_1(0) = 1.7\text{V}$ $v_2(0) = 1.05\text{V}$
解耦矩阵	$\begin{bmatrix} 1 & 0 \\ 0 & 1 \end{bmatrix}$	$\begin{bmatrix} 1 & \dfrac{0.53}{12.34s+1} \\ \dfrac{0.6}{14s+1} & 1 \end{bmatrix}$
控制器参数	$k_{p1} = 0.38, k_{i1} = 0.0052$ $b_1 = 0, b_2 = 0$ $k_{p2} = 0.25, k_{i2} = 0.0025$	$k_{p1} = 0.4, k_{i1} = 0.0058$ $b_1 = -0.03, b_2 = -0.025$ $k_{p2} = 0.2, k_{i2} = 0.004$

实验步骤如下：

① 选定初始工作点；

② 水箱 2、4 液面稳定后，300 秒时改变液面设定值；600 秒时改变液面设定值；900 秒时改变液面设定值；1300 秒时改变液面设定值；

③ 实时记录水泵 1、2 控制信号 $v_1(t)$，$v_2(t)$ 和水箱 2、4 的液面变化，多回路控制如图 7-16a，解耦控制如图 7-16b。

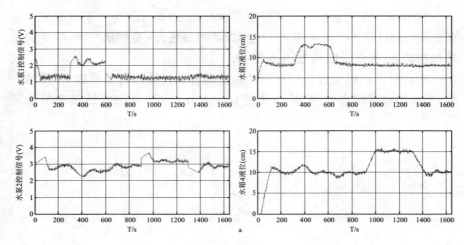

a

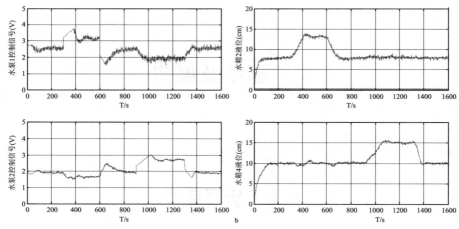

图 7-16　四水箱液面跟随实验

　　如图 7-16 所示，a、b 分别表示多回路控制和解耦控制下改变水箱 2、4 液面设定值时，水泵 1、2 控制信号变化和液面跟随效果图。水箱 2 在 300s 时由初始液面设定值 8cm 升高到 13cm，可以看到在多回路控制下，水箱 2 液面的变化对水箱 4 的液面有明显的扰动，而在解耦控制下则对水箱 4 液面几乎没有影响；水箱 4 在 900s 时由初始液面设定值 10cm 液面升高到 15cm，可以看出两种方案下，水箱 4 的液面变化对水箱 2 的液面变化影响都较小，但液面的跟随情况解耦方案要明显好于多回路控制。

　　通过上述实验可以清晰地看出，本文方案相比多回路 PI 方案，很好地消除了耦合对控制系统的影响，显著提高了关联系统的控制性能，调节时间短，超调量小，耦合扰动明显减小，系统的各项指标全面占优。

7.4　本章小结

　　本文基于前馈补偿的全解耦方法设计解耦控制矩阵，对解耦后目标函数采用预期动态法整定 PI 控制器参数。不仅将该方法应用于几个典型四水箱模型进行仿真研究，还将该方法应用于 Coupled Tanks 33-040s 实验装置，进行了解耦和实时液位控制实验。仿真和实验结果都表明，本文方法能够使系统各路输出响应之间实现有效解耦，可对各回路液位实现有效控制，显著地提高了多变量关联系统的控制性能，上述结果验证了本文方法的有效性和实用性。

8   总结及展望

8.1   研究总结

本文使用频域方法针对多变量时滞过程的控制问题进行了研究,基于预期动态法(DDE)给出了 TITO 系统和高维 MIMO 系统完整的解耦控制策略,并对控制方案进行了仿真验证。总结全文,本研究工作主要有如下成果:

① 针对 TITO 时滞系统,根据耦合矩阵的思想,提出一种更为简单的动态解耦矩阵设计方法,结合预期动态法(Desired Dynamic Equation,DDE)不依赖于精确模型且鲁棒性强的特性,给出了 TITO 时滞系统的 PID 解耦控制策略。仿真分析验证了控制策略的有效性。

② 对逆解耦器的设计问题进行研究,分析讨论了前向通道选取对逆解耦矩阵实现性的影响,给出了逆解耦矩阵可实现的必要条件。提出一种逆解耦补偿矩阵规范设计准则,对不满足时滞可实现条件的一类控制对象,提出一种基于 Pade 近似逆解耦矩阵改进设计方法。大大拓宽了逆解耦控制方案的应用范围。

③ 对逆解耦矩阵的稳定性进行了分析,逆解耦矩阵稳定性分析范围由 TITO 系统推广到 MIMO 系统,不仅给出 MIMO 系统逆解耦矩阵 BIBO 稳定充要条件,而且提出了判定逆解耦矩阵稳定性的具体方案。采用 Mente-Carlo 随机方法获得了多变量系统的阶次与逆解耦矩阵稳定性的分布规律,为逆解耦方法的应用提供指导意义。

④ 基于预期动态法(DDE),对高维 MIMO 时滞系统,设计了逆解耦控制方案。该方案避免了矩阵的求逆运算,具有解耦效果好、解耦网络少、设计更为简单等诸多优点。将逆解耦控制方案应用到四个典型化工对象和一个六输入六输出被控对象。仿真结果充分展示和验证了逆解耦方案在高维多变量控制上的优越性。

8.2　待完善的工作

本文对多变量时滞过程的控制方法和应用进行了一定的探讨工作,但对多变量时滞过程控制的研究还远没有结束。总结起来,有以下几个方面的问题值得进一步深入研究:

① 时滞系统的稳定性分析。由于时滞的存在,本文并没有获得时滞逆解耦矩阵的极点分布。对其稳定性分析也仅仅给出仿真形式来加以判定,如何采用纯数学的解析方法直接分析时滞逆解耦矩阵的稳定性将是十分有意义的工作。

② 不稳定逆解耦矩阵的改进设计。逆解耦矩阵稳定是逆解耦方法应用的前提。逆解耦矩阵特性及其品质由其零点和极点共同决定,对含有不稳定极点的逆解耦矩阵,如何突破逆解耦的稳定条件的限制显得尤为重要和迫切。

③ 逆解耦方案的工程检验。逆解耦方案在多变量时滞系统的仿真中获得了良好的效果。在此基础上,将逆解耦方法应用到实际对象上进行检验,有待进一步研究。

参考文献

[1]郑大钟著.线性系统理论(第 2 版)[M].北京：清华大学出版社，2002.

[2]庞国仲,白方周,浪洪钧.多变量控制系统实践[M].安徽:中国科学技术大学出版社,1990.

[3]陈培颖.线性多变量时滞系统的鲁棒整定策略与解耦方法研究(博士学位论文)[D].张卫东,指导.上海：上海交通大学,2007.

[4]Rosenbrock H H. Computer-aided Control System Design[M]. London：Academic Press,1974.

[5]MacFarlane A G J. Frequency-response Methods in Control Systems[M]. New York：IEEE Press,1979.

[6]Camacho E F,Bordons C. Model Predictive Control[M]. London：Springer,2004.

[7]Falb P L,Wolovich W A. Decoupling in design and synthesis of multivariable control systems[J]. Automatica,1967,12(6):651—669.

[8]Boksenbom A S,Hood R. General algebraic method to control analysis of complex engine types[M]. Washington：NACA-TR-930,1949.

[9]Kavanagh R J. Multivariable control system synthesis [J]. AIEE. Trans. Appl. Ind. 1958,11(77):425—429.

[10]Mesarovic M D. The control of Multivariable systems[M]. New York：John Wiley,1960.

[11]Rosenbrock H H. Design of multivariable control systems using inverse nyquist arrray[J]. Control & Science,1969,116(11)：1929—1936.

[12]MacFarlane A G,Belletrutti J J. The Characteristic locus design method[J]. Automatica,1973,9(5)：575—558.

[13]高黛陵,吴麒编.多变量频域控制理论[M].北京：清华大学出版社,1998.

[14] Skogestad S,Postlethwaite I. Multivariable feedback control

[M]. New York: John Wiley and Sons,1996.

[15]McAvoy T J,Jounela S L J,Patton R,et al. Milestone report for area 7 industrial applications[J]. Control Engineering Practice,2004,12 (1): 113—119.

[16]Bristol E. On a new measure of interaction for multivariable process control[J]. Automatic Control,1966,11(1): 133—134.

[17]Grosdldler P,Morarl M,Bradley R. Closed-Loop Properties from Steady-State Gain Information[J]. Ind. Eng. Chem,1985,24(2): 221—235.

[18]McAvoy T,Arkun Y,Chen R,Robinson D,Schnelle P D. A new approach to defining adynamic relative gain[J]. Control Engineering Practice,2003m 11(8): 907—914.

[19]Xiong Q,Cai W J,He M J. A practical loop pairing criterion for multivariable processes[J]. Journal of Process Controlm,2005,15(7): 741—747.

[20]Xiong Q,Cai W J,He M J. Equivalent transfer function method for PI/PID controller design of MIMO processes[J]. Journal of Process Control,2007m 17(8): 665—673.

[21]Albertos P,Sala A. Multivariable Control Systems: An Engineering Approach[M]. London: Springer-Verlag,2004.

[22]Luyben W L. Simple method for tuning SISO controllers in multivariable systems[J]. Ind. Eng. Chem,1986,259(3): 654—660.

[23]Chien I L,Huang X P,Yang J C. A simple multiloop tuning for PID controllers with no proportional kick[J]. Ind. Eng. Chem,1999,38 (4): 1456—1468.

[24]Hovd M,Skogestad S. Sequential design of decentralized controllers[J]. Automatica,1994,30(10): 1601—1607.

[25]Chiu M S,Arkun Y. A methodology for sequential design of robust decentralized control systems[J]. Automatica,1992,28:997—1001.

[26]Bao J,Forbes J F,McLellan P J. Robust multiloop PID controller design: a successive semidefinite programming approach[J]. Ind. Eng. Chem,1999,38(9): 3407—3419.

[27]Wang Q G,Lee T H,Zhang Y. Multi-loop version of the modified Ziegler-Nichols method for two input two output process[J]. Ind. Eng. Chem,1998,37: 4725—4733.

[28]薛亚丽. 热力过程多变量控制系统的优化设计（博士学位论文）[D]. 吕崇德,指导. 北京：清华大学,2005.

[29]Vlachos C,Williams D,Gomm J B. Genetic approach to decentralised PI controller tuning for multivariable processes[J]. Control Theory & Appl,1999,146(1)：58—64.

[30]Shinskey F G. Process Control System,forth ed[M]. New York：McGraw-Hill,1996.

[31]刘媛媛. 多变量时滞过程解耦控制系统定量分析与设计（博士学位论文)[D]. 张卫东,指导. 上海：上海交通大学,2008.

[32]Lee M,Lee K,Kim C,Lee J. Analyticl design of multiloop PID controllers for desired closed-loop responses[J]. American Institute of Chemical Engineers,2004,50(7)：1631—1635.

[33]Huang H P,Jeng J C,Chiang C H,Pan W. A direct method for multi-loop PI/PID controller design[J]. Journal of Process Control,2003,13(8)：769—786.

[34]Craig I K,Koch I. Experimental design for the economic performance evaluation of industrial controllers[J]. Control Engineering Practice,2003,11(1)：57—66.

[35]Luyben W L. Process Modeling, Simulation, and Control for Chemical Engineers[M]. New York：McGraw Hill Book Company,1990.

[36]刘涛,张卫东,顾诞英,蔡云泽. 化工多变量时滞过程的频域解耦控制设计的研究进展[J]. 自动化学报,2006,32(1)：73—83.

[37]Astrom K J,Johansson K H,Wang Q G. Design of decoupled PI controllers for two-by-twosystems[J]. Control Theory & Applications,2002,149(1)：74—81.

[38]Campo P J,Morari M. Achievable closed-loop properties of systems under decentralizedcontrol：Conditions involving the steady-state gain[J]. IEEE Transactions on Automatic Control,1994,39(5)：932—943.

[39]Lee J,Kim D H,Edgar T F. Static Decouplers for Control of Multivariable Processes[J]. American Institute of Chemical Engineers,2005,51(10)：2712—2720.

[40]Liu T,Zhang W D,Gu D Y. Analytical multiloop PI/PID controller design for processes with time delays[J]. Industrial & Engineering Chemical Research,2005,44(6)：1832—1841.

［41］Seborg D E，Edgar T F，Mellichamp DA. Dynamic and Control，second ed. Hoboken［M］. New Jersey：John Wiley & Sons，2004.

［42］Morari M，Zafiriou E. Robust Process Control. Englewood Cliffs［M］. New York：Prentice Hall，1989.

［43］Gui H，Jacobsen E W. Performance limitations in decentralized control［J］. Journal of Process Control，2002，12（4）：485－494.

［44］Wang Q G，Huang B，Guo X. Auto-tuning of TITO decoupling controllers from step tests［J］. ISA Transactions，2000，39（4）：407－418.

［45］Gilbert A F，Yousef A，Natarajan K，Deighton S. Tuning of PI controllers with one-way decoupling in 2×2 MIMO systems based on finite frequency response data［J］. Journal of Process Control，2003，13（6）：553－567.

［46］Perng M H，Ju J S. Optimally decoupled robust control MIMO plants with multiple delays［J］. Control Theory & Applications，1994，141（1）：25－32.

［47］陈苏平，孙优贤，周春晖. 多变量过程的鲁棒解耦［J］. 自动化学报，1995，21（2）：214－220.

［48］He M J，Cai W J，Wu B F. Control structure selection based on relative interaction decomposition［J］. International Journal of Control，2006，79（10）：1285－1296.

［49］Waller M，Waller J B，Waller K V. Decoupling revisited［J］. Industrial and Engineering Chemistry Research，2003，42（20）：4575－4577.

［50］Pomerleau D，Pomerleau A. Guide lines for the tuning and evaluation of decentralized and decoupling controllers for processes with recirculation［J］. ISA Transactions，2001，40（4）：341－351.

［51］Wang Q G. Decoupling Control［M］. Berlin：Springer-Verlag，2003.

［52］刘涛，张卫东，顾诞英. 多变量时滞过程的解耦控制设计［J］. 自动化学报，2005，31（6）：881－890.

［53］Wang Q G，Zhang Y，Chiu M S. Non-interacting control design for multivariable industrial processes［J］. Journal of Process Control，2003，13：253－265.

［54］Liu T，Zhang W D，Furong G. Analytical decoupling control strategy using a unity feedback control structure for MIMO processes with time delays［J］. Journal of Process Control，2007，17：173－186.

［55］王永初.解耦控制系统［M］.成都：四川科学技术出版社，1985.

［56］Juan G，Francisco V，Fernando M. An extended approach of inverted decoupling［J］. Journal of Process Control，2011，21(1)：55—68.

［57］Wade H L. Inverted decoupling：a neglected technique［J］. ISA Transactions，1997，36(1)：3—10.

［58］Chen P Y，Zhang W D. Improvement on an inverted decoupling technique for a class of stablel inear multivariable processes［J］. ISA Trans，2007，46：199—210.

［59］Wang Q G，Hang C C，Yang X P. IMC-based controller design for MIMO systems［J］. Journal of Chemical Engineering of Japan，1993，35(12)：1231—1243.

［60］Liu T，Zhang W D，Gu D Y. Analytical design of decoupling internal model control(IMC) scheme for Two-input-Two-output processes with time delays［J］. Ind. Eng. Chem. Res，2006，45(9)：3149—3160.

［61］Dong J，Brosilow C B. Design of robust multivariable PID controllers via IMC，Proceedings of the American Control Conference［C］. Albuquerque，NM，USA，1997，5：3380—3384.

［62］Wang Q G，Zhang Y，Zou B. Decoupling Smith predictor design for multivariable systems with multiple time delays［J］. Chemical Engineering Research and Design Transactions of the Institute of Chemical Engineers，Part A，2000，78(4)：565—572.

［63］Desbiens A，Pomerleau A，Hodouin D. Frequency based tuning of SISO controllers for two-by-two processes［J］. Control Theory & Applications，1996，143(1)：25—32.

［64］Jerome N F，Ray W H. High-performance multivariable control strategies for systems having time delays［J］. American Institute of Chemical Engineers，1986，32(6)：914—931.

［65］Watanabe K，Ishiyama Y，Ito M. Modified Smith predictor control for multivariable systems with delays and unmeasurable step disturbances［J］. International Journal of Control，1983，37(5)：959—973.

［66］Ogunnaike B A，Ray W H. Multivariable controller design for linear systems having multiple time delays［J］. American Institute of Chemical Engineers，1979，25(6)：1043—1056.

［67］Garcia-Sanz M，Egaña I，Barreras M. Design of quantitative feedback theory non-diagonal controllers for use in uncertain multiple-input multiple-output systems[J]. Control Theory & Applications, 2005, 152 (2): 177—187.

[68]王维杰,李东海,高琪瑞,王传峰.一种二自由度 PID 控制器参数整定方法[J].清华大学学报,2008,48(11): 1786—1790.

[69]Minorsky N. Directional stability of automatically steered bodies [J]. Journal of the American Society for Naval Engineers, 1922, 34(2): 280—309.

[70]Ziegler J G, Nichols N B. Optimum settings for automatic controllers[J]. Trans. ASME, 1942, 64: 759—768.

[71]Aidan O'Dwyer. Handbook of PI and PID Controller Tuning Rules[M]. London: Imperial College Press, 2003.

[72]韩京清.从 PID 技术到自抗扰控制技术[J].控制工程,2002,9 (3): 13—18.

[73]Van Overschee P, De Moor B. Ra. PID: the end of heuristic PID tuning. in: IFAC Workshop on Digial Control: Past, Present and Future of PID Control. Terrassa-Barcelona Spain, 2000: 687—692.

[74]Gorez R. New design relations for 2-DOF PID-like control systems[J]. Automatica, 2003, 39: 901—908.

[75]周以琳,戚淑芬,王东雪.二自由度 PID 锅炉燃烧控制系统的实现 [J].自动化与仪表,1997,12(1): 33—35.

[76]Åström K J, Panagopoulos H, Hägglund T. Design of PI controllers based on non-convex optimization[J]. Automatica, 1998, 34(5): 585—601.

[77]Panagopoulos H, Åström K J, Hägglund T. Design of PID controllers based on constrained optimisation[J]. Control Theory & Applications, 2002, 149(1): 32—40.

[78]Tornambe A. A decentralized controller for the robust stabilization of a class of MIMO dynamical systems[J]. Journal of Dynamic Systems, Measurement, and Control, 1994, 116: 293—304.

[79]Ray L, Stengel R. A Monte Carlo approach to the analysis of control system robustness [J]. Automatica, 1993, 29: 229—236.

[80]徐峰.鲁棒 PID 控制器研究及其在热工对象控制中的应用(硕士学位论文)[D].李东海,指导.北京:清华大学,2002.

[81]Liu Y Y, Zhang W D, Ou L L. Analytical decoupling PI/PID controller design for two-by-two processes with time delays[J]. Control Theory & Applications, 2007, 1(1): 409—416.

[82]Gagnon E,Pomerleau A,Desbiens. Simplifed,ideal or inverted decoupling? [J]. ISA Trans,1998,37：265－276.

[83]Toscano R,Lyonnet P. Robust PID controller tuning based on the heuristic Kalman algorithm[J]. Automatica,2009,45：2099－2106.

[84]Cai W J,Ni W,He M J,Ni C Y. Normalized decoupling-a new approach for MIMO process control system design[J]. Ind. Eng. Chem,2008,47：7347－7356.

[85]Shen Y L,Cai W J,Li S Y. Normalized decoupling control for high-dimensional MIMO processes for application in room temperature control HVAC systems[J]. Control Engineering Pratic,2010,18：652－664.

[86]He M,Cai W J,Li S Y. Multiple fuzzy model-based temperature predictive control for HVAC systems[J]. Information Sciences,2005,169：155－174.

[87]Xiong Q,Cai W J,He M J,He J. Decentralized control system design for multivariable processes-a novel method based on effective relative gain array[J]. Ind. Eng. Chem,2006,45(8)：2769－2776.

[88]景鹏. 板形板厚系统鲁棒协调控制研究（博士学位论文）[D]. 童朝南,指导. 北京：北京科技大学,2010.

[89]Okada M,Murayama K,Urano A,et al. Optimal control system for hot strip finishing mill[C]. Proceedings of Automation in the Steel Industry. Kyongju(Korea),1997：221－226.

[90]Hearns G,Grimble M J. Robust multivariable control for hot strip mills[J]. ISIJ Int. 2000,10：995－1002.

[91]Hearns G,Reeve P,Smith P,Bilkhu T. Hot strip mill multivariable mass flow control[J]. Control Theory& Applications,2004,151(4)：56－72.

[92]王益群,孙孟辉,张伟,孙福. Smith 预估控制在冷带轧机液压 AGC 前馈-反馈控制系统中的应用[J]. 液压与气动. 2008,12：36－39.

[93]张进之. 连轧过程张力控制系统的进化与分析[J]. 冶金设备,2005,6：29－32.

[94]张进之. 热连轧厚度自动控制系统进化的综合分析[J]. 重型机械,2004,13：1－10.

[95]Brusa E,Lemma L. Numerical and experimental analysis of the dynamic effects in compact cluster mills for cold rolling[J]. Journal of Materials Processing Technology,2009,209：2436－2445.

[96]Wang J S,Jiang Z Y,Tieu A K. A flying gauge change model in tandem cold strip mill[J]. Journal of Materials Processing Technology,2008,204：152－161.

[97]童朝南,孙一康,陈百红,等.热连轧综合 AGC 系统的智能化控制[J].北京科技大学学报,2002,24(5)：553－555.

[98]曲蕾.鲁棒自适应逆系统理论研究及其在热连轧中的应用(博士学位论文)[D].王京,指导.北京：北京科技大学,2008.

[99]刘建昌.基于神经网络的自适应厚度控制[J].钢铁,1999,34(11)：33－36.

[100]张小平,张少琴,张进之,等.板形理论与板形控制技术的发展[J].塑性工程学报,2005,12：11－14.

[101]王仁忠,何安瑞,杨荃,等.LVC 工作辊辊型的板形控制性能研究[J].钢铁,2006,41(5)：41－44.

[102]杨光辉,曹建国,张杰,等.SmartCrown 冷连轧机板形控制新技术改进研究与应用[J].钢铁,2006,41(9)：56－59.

[103]姚有领.智能自适应解耦控制及其在板形板厚综合控制中的应用(博士学位论文)[D].费敏锐,指导：上海：上海大学,2007.

[104]令狐克志.宽带钢热连轧机板形板厚动态解耦控制研究(博士学位论文)[D],杨荃,指导.北京：北京科技大学,2007.

[105]徐林.板形板厚综合控制研究(博士学位论文)[D].顾树生,王建辉,指导.沈阳：东北大学,2006.

[106]赵宝永.热连轧板形板厚智能综合控制策略研究(博士学位论文)[D].尹怡欣,指导.北京：北京科技大学,2008.

[107]孙建亮.面向板形板厚控制的轧机系统动态建模及仿真研究(博士学位论文)[D].彭艳,指导.秦皇岛：燕山大学,2010.

[108]吴刚.基于遗传算法的多变量模糊控制器及其在板形板厚综合控制系统中的应用(博士学位论文)[D].孙一康,指导.北京：北京科技大学,2001.

[109]王粉花,孙一康,陈占英.基于模糊神经网络的板形板厚综合控制系统[J].北京科技大学学报,2003,25(2)：182－184.

[110]Johansson K H. The quadruple-tank process：a multivariable laboratory process with an adjustable zero[J]. IEEE Transactions on systems technology,2000,8(3)：456－465.

[111]陈薇,吴刚.非线性双容水箱建模与预测控制[J].系统仿真学报,2006 18(8)：2078－2081.

[112]张毅成,戴连奎,杨正春,金建祥.四水箱实验系统的关联分析与解耦[J].自动化仪表,2005.26(11):15—18.

[113]黄慎之,顾训,胡赛.一种用于实验室的液位过程控制系统[J].上海大学学报(自然科学版),2001,17(5):412—415.

[114]Biswas P P,Srivastava R,Ray S,Samanta A N. Sliding mode control of quadruple tank process [J]. Mechatronics,2009,19:548—561.

[115]Zhang Y,Li S,Zhu Q. Backsteeping-enhanced decentralized PID control for MIMO processes with an experimental study. IET Control Thoery Appl[J]. 2007,1(3):704—712.

[116] Coupled Tanks Control Experiments33-040S (For use with MATLAB R2007a version 7.4)

[117]Astrom K J,Johansson K H,Wang Q G. Design of decoupled PI controllers for two by two systems[J],IEE Proc. Control Theory Appl,2002,149(1):74—81.

[118]Alavi S M M,Hayes M J. Quantitave Feedback Design for a benchmark quadruple tank process[C]. ISSC Proc,Dublin,2006,401—406

[119]de la Pena D M,Alamo T,Bemporad A,*et al*. Feedback min-max model predictive control based on a quadratic cost function[C],ACC Pro,USA,2006,1575—1580.

[120]姜英妹,张井岗.基于dSPACE的水箱液位控制系统[J].太原科技大学学报,2010,31(4):289—292.

[121]Johansson K H. Interaction bounds in multivariable control systems[J]. Automatica,2002,38:1045—1051.

[122]Viknesh R,Sivakumaran N,Chandra S J,Radhakrishnan T K. A critical study of decentralized controllers for a multivariable system[J]. Chemical Engineering and Technology,2004,27(8):880—889.

[123]Aydm S,Tokat S. Sliding mode control of a coupled tank system with a state varing sliding surface parameter[C]. IEEE proc,2008:355—360.

[124]王志新等.双容水箱上的几种液位控制实验及被控对象的数学模型[J].北京师范大学学报,2006,42(2):126—130.

[125]王志新,古云东.随机出入水双容水箱液位控制实验及被控对象的数学模型[J].化工自动化及仪表,2006,33(2):13—16.

[126]Pan H Z,Wong H,Kapila V,et al. Experimental validation of a nonlinear backstepping liquidcont roller for a state coupled two tank system[J]. Control Enginerring Practice,2005,13:27—40.